萨巴蒂娜　主编

中国轻工业出版社

目 录

1 Chapter 准备篇
让你更省时的小妙招

2 Chapter 凉菜沙拉
轻盈凉爽，省火美味

开胃木耳
018

酸辣金针菇
019

金针菇拌海带
020

冰镇芥蓝
021

可口凉拌豆芽
022

凉拌小素鸡
023

香菜拌萝卜丝
024

蒜蓉凉拌绿苋菜
025

凉拌菜花
026

凉拌菠菜
027

花生菠菜
028

手撕鸡
029

拌卤肉
030

小葱拌豆腐
031

皮蛋豆腐
032

蒜泥豇豆
033

蛋皮黄瓜
034

火腿黄瓜拌粉丝
035

芥末菠菜粉丝
036

白菜心海蜇丝
037

酸辣蕨根粉
038

豆筋大米面皮
039

炝拌豆芽凉皮
040

黑椒土豆泥
041

萝卜沙拉
042

鱼子冷豆腐
043

牛油果沙拉
044

紫薯肉松沙拉
045

火龙果龙利鱼沙拉
046

刺身三文鱼拌牛油果
047

低脂脆燕麦水果沙拉
048

3 Chapter　美味小炒
快手"煮"义，舌尖挑战

肉丝跑蛋
050

尖辣椒炒鸡蛋
051

菠菜炒鸡蛋
052

杭椒肉末炒鸡蛋
053

鸡蛋炒丝瓜
054

虾仁春笋炒蛋
055

快手田园小炒
056

白灼菜心
057

焖炒红菜薹
058

虾酱空心菜
059

蒜蓉小白菜
060

双椒金针菇肉丝
061

空心菜梗炒肉末
062

爽口莴笋丝
063

椒盐平菇
064

醋椒豆芽
065

豆芽炒腐皮
066

菇香腐皮
067

糖醋面筋
068

果汁里脊
069

荠菜干丝
070

清炒鸡毛菜
071

海带炒肉片
072

土豆炒肉丝
073

芹菜牛肉丝
074

扁豆丝炒肉
075

地三鲜
076

焖藕片
077

老丁妈炒藕丁
078

干锅腊肉菜花
079

4 Chapter
蒸炖煮品
慢炖美味，
温情饱满

5 Chapter
佐菜鲜汤
滋补养生，
味蕾享受

6 Chapter 饭菜同出
一锅烹饪，懒人必备

金枪鱼蛋炒饭
164

三文鱼炒饭
165

瑶柱黄金炒饭
166

青萝卜洋葱炒饭
167

辣白菜肉丁炒饭
168

茄子肉末炒饭
169

豇豆肉丁炒饭
170

火腿黄瓜炒饭
171

培根土豆炒饭
172

杏鲍菇肉末炒饭
173

西蓝花肉丁炒饭
174

青椒肉丝炒饭
175

芹菜肉丁炒饭
176

鸡毛菜炒面
177

双椒肉丝炒面
178

橄榄菜肉丁炒面
179

油菜素炒面
180

豉椒炒面
181

炒方便面
182

豪华泡面
183

酸辣榨菜肉丝米线
184

清爽双丝炒米线
186

秋葵鸡蛋炒米线
187

咸蛋南瓜炒河粉
188

韭菜鸡蛋炒河粉
189

什锦炒窝头
190

汤泡饭
191

1 Chapter

准备篇

让你更省时的小妙招

自制酱料的做法及使用

牛肉酱

材料

牛肉500克·甜面酱300克
盐2茶匙·郫县豆瓣2汤匙
植物油3汤匙

使用

自制的牛肉酱每次吃完后可以存在干净的密封容器里冷藏保存。牛肉酱除了可以拌饭、拌面吃，也能蘸馒头、煎饼或是夹着馍吃，都十分美味下饭。

做法

1 用搅拌机将牛肉绞碎备用。

2 起锅烧油，用小火把郫县豆瓣炒出香味。

3 加入牛肉末，用小火翻炒，加盐和甜面酱调味。

4 不断搅拌均匀，炒至牛肉末变稠即可。

5 喜欢辣味的，可以添加干辣椒。

甜面酱

材料

面粉100克·白糖80克
老抽30毫升·玉米油2汤匙

使用

甜面酱可以直接蘸着吃，比如蘸大葱、北京烤鸭，或是做炸酱面，还能用来烧各种菜肴，比如京酱肉丝。如果想要更好地突出甜面酱的味道，需要将甜面酱炒香后再加入其他材料一起烹饪。

做法

1 面粉加适量水，用勺子调成糊，尽量调匀减少颗粒。

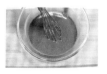

2 依次加入老抽和白糖调匀。

3 锅中加入玉米油，冷锅小火时下入面糊。

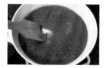

4 全程开小火，用木铲贴着锅底不断搅拌。

5 搅至面糊冒泡为糊状时尝下味道，视个人口味加入老抽和白糖并搅匀。

6 调好味道后关火。待冷却后即可装入无水的密封瓶中保存。

使用

蒜香辣酱辣中带甜，直接拌饭、拌面、蘸肉吃就已经十分开胃了，也可以在炒菜时作为调料，提鲜增香。

做法

1 将朝天椒洗净，剁成末。蒜和姜洗净，剁成蓉。

2 起锅烧油，用小火把蒜蓉炒出香味。

3 依次加入姜蓉、朝天椒末、白芝麻，用大火炒匀。

4 最后加入盐、白糖调味，煮至酱汁浓稠即可关火。

材料

朝天椒500克·蒜100克
姜50克·白芝麻30克
植物油3汤匙·盐20克
白糖30克

使用

芝麻酱不仅美味诱人，而且营养丰富。它可以和香菜、豆腐乳、韭菜花、蒜泥一起调制成火锅蘸料，也可以在凉菜、拌面里加入。需要注意的是，芝麻酱最好提前加温水稀释后再和其他调料调匀使用。

做法

1 白芝麻挑出坏粒，洗净后沥干。

2 小火，放入洗净的芝麻，不断翻炒至芝麻变黄且有香气，大约需要20分钟。

3 炒好的芝麻盛出放凉后，取一半的芝麻和一半的香油装入研磨机中。

芝麻酱

材料

生白芝麻100克·香油50毫升

4 制成浓稠的芝麻酱后倒出，再研磨剩余的另一半芝麻和香油。

5 做好的芝麻酱是无味的，食用时根据个人口味加入其他调料即可。

剁椒酱

材料

红辣椒500克·蒜50克
姜20克·盐25克
白糖15克·高度白酒30毫升

使用

剁椒酱作为颇受欢迎的调料之一，特点是香辣爽口，十分开胃。最简单的吃法就是在米饭或面条中直接加一勺，就可以让人胃口大开。此外用来炒菜、炒肉更是美味升级，比如剁椒金针菇。

做法

1 红辣椒洗净，晾干后用料理机打碎。

2 蒜和姜洗净，晾干后剁成蓉。

3 以上材料装入大碗中，加入盐、白糖拌匀，加入白酒调匀。

4 做好的剁椒酱装入无水无油的玻璃瓶中，室温下放置10天后即可食用。

鸡蛋酱

材料

鸡蛋3个·青椒1个
蒜叶适量·黄豆酱适量
植物油适量

使用

鸡蛋酱做法虽然简单，味道却毫不逊色。最常用在拌面中，或是蘸着各种蔬菜也十分好吃。

做法

1 鸡蛋磕入碗中，用筷子打成鸡蛋液。青椒和蒜叶洗净，切成小片。

2 锅中放油，烧至七成热时，下入鸡蛋液摊匀。

3 放入青椒片和黄豆酱继续炒匀，可以加点水防止煳锅。

4 最后加入蒜叶片炒匀即可。

酱的储存方式

酱料在制作完成后必须妥善储存，如果盛装的容器不当或者储存方式不妥，可能导致酱料变质，或者缩短其保质期。

酱料储存容器

选择酱料的储存容器时，应避免塑料或金属材质（如不锈钢）。酱料是经过加工的产品，呈酸性或者碱性，如果将其长期储存在金属器皿中，易侵蚀金属造成味道的改变。某些塑料材质在高温或酸碱环境下，或者遇油脂，会释放有毒物质。

所以对于酱料来说，最适合的容器是玻璃器皿。玻璃器皿材质稳定，不容易发生化学反应，不会影响酱料的质量。

容器的清洁方法

在盛装酱料前要先对玻璃保鲜盒进行消毒。一般来说，将锅中水烧开，立即关火将保鲜盒放入，完全浸泡3分钟，取出后完全沥干水分即可使用。

在清洗的时候切忌使用钢丝球，它易对玻璃造成损坏出现裂痕，在遇热时容易破裂，所以要选择海绵等柔软的材料进行清洗。

 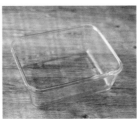 

不同酱料的保存时间

奶油类
酱料

如果酱料中使用到奶制品，如奶油、牛奶等，最好在-18℃下进行冷冻，并在72小时内食用完毕，否则酱料会分解变质。

果酱类
酱料

果酱等甜品类酱料应在1~7℃下进行冷藏，可保存两三个月。

肉类、海鲜类
酱料

肉类或海鲜类酱料做好后，待其完全冷却，放入冰箱进行冷藏，在1~7℃下，可保存3个月左右。

蔬菜类下饭
小料

蔬菜类下饭小料，在1~7℃下进行冷藏，可保存1个月。

酱料与菜的搭配公式

热炒酱——肉类

适用范围
肉菜类、海鲜类

若在制作热炒菜时，分次加入多种调料，加热时间会延长，食物易炒老。因此，在食材炒制过程中，加入提前调制好的酱料，迅速炒至入味后出锅。可以使肉质更为滑嫩。

淋拌菜酱——素菜

适用范围
凉拌素菜类

选对酱才能做出凉拌菜最需要的味道。将凉拌菜所需材料处理好，淋上提前准备好的淋拌酱，搅拌均匀，使酱汁充分包裹在食材上即可。

下饭小料——主食

适用范围
米饭、面条

一碗下饭小料能让普通的米饭、面条滋味变得更加丰富，只需要提前一晚腌制好，第二天就能摆上餐桌。

市售的常用酱料的使用方法

沙茶酱

用法： 既可以作为火锅蘸料，也可以作为烧烤酱料。此外，烹制肉类时加入可以提鲜增味。

注意事项： 在菜品出锅前少量加入，炒匀即可。

柱侯酱

用法： 适用于鸡鸭鹅肉和海鲜的烹制，能去腥提鲜。加了柱侯酱的菜品，咸香可口，味道醇美。此外，也可以做底酱，和其他调料调成作料直接蘸取。

注意事项： 使用柱侯酱时，不要再添加酸辣甜口味的其他调料，那样会掩盖柱侯酱本身的鲜味而无法发挥作用。

排骨酱

用法： 可以用来腌肉、炒肉。等菜炒好后再放入排骨酱，也可以和其他调料先调好，再淋在菜上。

注意事项： 在调入排骨酱时，锅中不要留过多的汤汁，等收汁时再放排骨酱口感最好。

虾酱

用法： 可以用来蒸菜、炒菜，或是调入汤料中，也可以作为蘸料直接食用。

注意事项： 由于虾酱在制作过程中已加入盐，所以烹制菜肴时无须再添加盐。

叉烧酱

用法： 除了可以做叉烧肉，也可以用来腌制食材，或是作为调味品直接佐餐。

注意事项： 作为腌制调料时，最好提前4小时腌制，会更加入味。

海鲜酱

用法： 提鲜增香，不仅能用来炒菜，也可作为腌料入味，还可以直接蘸食。

注意事项： 用海鲜酱入菜时，以中小火为佳，火太大容易烧焦。菜品中如果有海鲜酱的加入，盐切记要少放或是不放，以免咸味过重。

本书中常用的懒人套路

1. 自家做菜想偷懒的时候，别买太难处理的食材，不论是难洗、难切，还是难去皮等，一概不考虑。如今市场上有很多食材是已经洗好的、切好的，比如去好皮的荸荠、剥好壳的虾仁等，大大节省了做菜的时间。

2. 选好用的调料，让你不必费心调味配比，就能做出好吃的菜肴。比如各种酱、复合类的调味品，都可以让你事半功倍。

3. 厨具也很重要，比如烤箱、电饭煲、压力锅等，它们不仅能帮你节省时间，更重要的是你不用在旁边一直看着——干点什么都可以，总比在厨房傻站着强吧？

4. 我们选了很多本身做法就很简单的菜品，三下五除二就能解决一餐，目的是帮你打开思路、提供参考哦！

5. 最后一个套路就是做好统筹规划。我们在每道菜的旁边提供了"省时搭配"，一是考虑餐内的营养、荤素、品类、口感等，遵循营养全面、荤素搭配、干湿调和、品类多样的基本原则；二是考虑时间统筹，充分利用碎片时间，提升做饭效率，例如：等待蒸炖的时间可以用来炒菜或拌凉菜等。你也可以按照这个原则来自己进行搭配哦！

2

Chapter

凉菜沙拉

轻盈凉爽，省火美味

开胃木耳

 10分钟（不含木耳泡发时间） 简单

主料

木耳150克·黄瓜150克

辅料

芥末少许·香油1茶匙·香醋1茶匙·蜂蜜1茶匙
小米椒2个·盐2克

省时搭配

芹菜牛肉丝（P074）
虾仁蒸蛋（P102）

做法

1 提前将木耳加水泡发、洗净，去掉根部，分成小朵。

2 将准备好的木耳放入沸水中焯熟，捞出，沥干水分，放凉备用。

3 小米椒洗净，切段备用；黄瓜洗净、去皮，切成薄片备用。

4 准备一个调料碗，倒入香油、香醋、蜂蜜、小米椒段、盐和少许芥末搅拌均匀。

5 准备一个空盘，将黄瓜片均匀贴在盘边。

6 最后将处理好的木耳放入盘中，倒上调好的料汁即可。

营养贴士

木耳中铁的含量极为丰富，常吃木耳可以令气血充足，使肌肤红润，并可预防缺铁性贫血。

烹饪秘籍

木耳多褶皱，容易藏灰尘，在泡发后需要反复清洗几遍。

酸辣金针菇

 15分钟　　 简单

主料

金针菇250克

辅料

盐2克 · 绵白糖2克 · 生抽1茶匙 · 米醋2茶匙
香油1/2茶匙 · 朝天椒4个

省时搭配 ⏱

菠萝炒饭（P156）
蔬菜虾汤（P134）

做法

1　金针菇切掉根部后撕开，洗净，控干水后摆放在盘中；朝天椒洗净后切成圈。

3　蒸锅中备水，大火烧开后放入金针菇，蒸约5分钟至熟透。

2　将朝天椒圈放入小碗中，加入香油、盐、绵白糖、生抽、米醋拌匀腌制片刻。

4　将金针菇盘子中的水倒出后放凉，淋上料汁即可。

烹饪秘籍

提前将朝天椒圈腌制一下，能够令其中的辣味更好地释放。

金针菇拌海带

 15分钟　　🍳 简单

主料

金针菇150克·海带150克·胡萝卜50克

辅料

盐1/2茶匙·辣椒油1茶匙·凉拌醋2茶匙
绵白糖1/2茶匙·蒜20克

省时搭配 ⏱

茼蒿肉末炒饭（P157）
金银蒜蒸娃娃菜（P096）

做法

1 将金针菇的根部切掉，撕开，洗净后控干水；胡萝卜洗净，去皮后用擦丝器擦成丝；海带洗净后控干水，切成约0.3厘米宽的条；蒜去皮后洗净，用压蒜器压成蒜泥。

2 锅中加清水煮至沸腾，放入金针菇焯烫一两分钟，断生后捞出，在凉开水中过凉。

烹饪秘籍

建议使用新鲜海带，如果买的是盐渍海带，需要反复清洗、浸泡，去除部分盐分，并根据自己的口味调整盐的用量。

3 再放入海带，焯烫约2分钟，断生后捞出，在凉开水中过凉。

4 将金针菇、海带和胡萝卜丝放入容器中，加入盐、辣椒油、凉拌醋、绵白糖和蒜泥，拌匀即可。

冰镇芥蓝

⏰ 15分钟　🥄 简单

主料

嫩芥蓝300克 · 冰块适量

辅料

味极鲜酱油3茶匙 · 芥末5克 · 小米椒少量

省时搭配 ⏱

杭椒肉末炒鸡蛋（P053）

桂花蒸山药（P099）

烹饪秘籍

由于冰块在常温下会融化，因此，吃这道菜也要争分夺秒。此外，如果家中有寿司专用酱油替代味极鲜酱油，也是不错的选择。

做法

1 选取嫩芥蓝剥皮，清水洗净，切成四五厘米长的段，小米椒洗净切成1厘米左右的段。

2 锅中清水烧开，下芥蓝烫3分钟，捞出。

3 烫好的芥蓝过凉开水，降温后捞出沥水。

4 准备一个小碟子，装入味极鲜酱油和芥末。

5 将味极鲜酱油和芥末搅拌好，待用。

6 将冰块从冰箱中取出，铺在盘子的底部。

7 将过凉水的芥蓝摆放在冰块上。

8 蘸着芥末和味极鲜酱油混合成的调料汁食用即可。可放小米椒段作为装饰。

可口凉拌豆芽

🕐 15分钟　🔨 简单

主料
绿豆芽200克

辅料
香葱5克·蒜三四瓣·干辣椒4个
花椒粒4粒·白糖1/2茶匙·白胡椒粉1/2茶匙
陈醋1茶匙·生抽1茶匙·盐1/2茶匙
鸡精1/2茶匙·植物油15毫升

省时搭配 🕐
肉丝跑蛋（P050）
腊肠炒饭（P158）

─── **烹饪秘籍** ───

如果喜欢吃得辣一点，还可以选择加入辣椒，比如将小米椒剁碎后，拌入豆芽中食用。

做法

1 绿豆芽择净后，用清水冲洗干净。

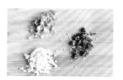

2 葱、蒜洗净切末，干辣椒洗净切成1厘米左右的段。

3 锅中清水烧开，下绿豆芽烫一两分钟关火。

4 捞出绿豆芽过凉开水后，控干水分装碗中。

5 将盐、鸡精、陈醋、生抽、白糖、白胡椒粉、葱末、蒜末装入碗中，先不要搅拌。

6 锅中烧少许油至五成热，下花椒粒和干辣椒段爆香后，关火。

7 趁热将油泼在装有豆芽和调味料的碗中。

8 用筷子将碗内的食材拌匀后，装盘即可。

凉拌小素鸡

 10分钟　　🥄 简单

主料

小素鸡250克

辅料

小葱1根 · 香菜2根 · 香油1汤匙 · 醋1汤匙
小米椒2个 · 蒜2瓣 · 盐2克

省时搭配 ⏱

豆豉蒸鱼（P107）
虾仁春笋炒蛋（P055）

做法

1 小素鸡洗净，放入沸水中，小火煮5分钟捞出，切成厚片备用。

2 香菜洗净，切碎，备用；小葱洗净，切成葱花，备用。

3 小米椒洗净，切末，备用；蒜瓣洗净，切成蒜末，备用。

4 取一个调料碗，将葱花、小米椒末、蒜末放入碗中，倒入香油、醋、盐，搅拌均匀。

5 然后将准备好的小素鸡放入盘中摆盘，倒入调好的酱汁。

6 最后撒上香菜点缀即可。

营养贴士

素鸡是豆腐的再加工制品，富含大豆卵磷脂以及优质蛋白质，有益于神经、血管以及大脑的生长发育，常食可以增强免疫力，强身健体。

烹饪秘籍

凉拌小素鸡制作完成后，可以放入冰箱冷藏一会儿再食用，这样可以使小素鸡清凉入味，口感更佳。

香菜拌萝卜丝

🕐 10分钟　　🔪 简单

主料

香菜20克 · 白萝卜200克

辅料

红黄彩椒30克 · 小米椒2个 · 油醋汁40毫升

省时搭配 🕐

午餐肉包菜鸡蛋汤（P124）

菇香腐皮（P067）

做法

1 香菜洗净，切碎备用。

2 白萝卜洗净，切成细丝备用。

3 红黄彩椒洗净，切成细丝备用。

4 小米椒洗净，切碎备用。

5 将白萝卜丝、红黄彩椒丝、小米椒碎、香菜碎依次放入盘中，淋上油醋汁即可。

营养贴士

白萝卜含有丰富的维生素C，可以抗氧化，使肌肤变得有弹性，其根茎部分含有淀粉酶及消化酵素，可以帮助肠胃蠕动，促进消化。

烹饪秘籍

香菜作为调味菜，最好不要过早放入，否则香味会丢失很多。

蒜蓉凉拌绿苋菜

 10分钟   简单

主料

蒜3瓣·绿苋菜300克

辅料

小米椒2个·腐乳1块·香醋1汤匙

省时搭配 ⏱

芹菜肉丁炒饭（P176）

紫菜蛋花汤（P123）

做法

1 绿苋菜洗净，去掉老根，对半切开，放入沸水中焯熟，捞出过凉水，沥干水分备用。

2 蒜洗净，切成蒜末备用。

3 小米椒洗净，切成段备用。

营养贴士

绿苋菜的营养价值非常高，有增强体质、清热解毒、促进消化等食疗功效。

4 准备一个空碗，取一块腐乳，用勺子背面压烂。

5 在碗中加入蒜末、小米椒段、1汤匙凉白开、香醋，搅拌均匀。

6 将处理好的绿苋菜装入盘中，淋上搅拌好的酱汁即可。

烹饪秘籍

苋菜汆烫的时间不宜过长，否则会破坏它的营养，一般在苋菜变软的时候关火即可。

凉拌菜花

🕐 6分钟　🔨 简单

主料

菜花1棵

辅料

胡萝卜1/2根 · 芹菜1棵 · 蒜2瓣 · 香葱2根
生抽2汤匙 · 醋1/2汤匙 · 香油2茶匙
油泼辣子2茶匙 · 盐1茶匙

省时搭配 🕐

娃娃菜三丝豆腐汤（P144）
韭菜鸡蛋炒河粉（P189）

烹饪秘籍

菜花不好清洗，可以在清洗前，在水中放入适量苏打粉或者淀粉浸泡一段时间，然后反复冲洗，会洗得更干净。

做法

1　菜花洗净，切去老根，用手掰成小朵待用。

2　胡萝卜去皮洗净，切薄片；芹菜洗净，斜切3厘米左右的段。

3　蒜去皮洗净，切蒜末；香葱洗净，切葱末。

4　锅中倒入适量清水烧开，放入菜花余烫3分钟左右，捞出沥水待用。

5　然后将胡萝卜片和芹菜段放入锅中，余烫1分钟，捞出放入菜花中。

6　取一个小碗，放入蒜末、生抽、醋、香油、油泼辣子、盐，调匀成调味汁。

7　再将调好的调味汁倒入装有菜花的碗中，反复拌匀。

8　最后撒入切好的葱末，搅拌几下即可。

凉拌菠菜

⏰ 10分钟　🥄 简单

主料

菠菜200克

辅料

芝麻酱1汤匙 · 白芝麻适量

省时搭配 ⏱

果汁里脊（P069）

酸辣汤（P125）

做法

1　菠菜洗净，去除根部。

2　锅中烧开水，放入菠菜，焯30秒，捞出沥水。

烹饪秘籍

菠菜营养丰富，但含有草酸，一定要先用沸水烫熟以去除草酸，再进行下一步操作。

3　焯好水的菠菜摆在盘中，淋上芝麻酱，撒上白芝麻即可。

花生菠菜

🕐 15分钟　🍳 简单

主料

菠菜300克 · 花生米30克

辅料

植物油2茶匙 · 盐1/2茶匙 · 凉拌醋2茶匙
香油1/2茶匙 · 熟黑芝麻2克

（省时搭配 ⏱）

生菜牛丸汤（P154）
榨菜豌豆炒饭（P163）

做法

1 菠菜去掉根部，将叶子都掰下来，清洗干净。

2 锅中加入清水，煮开后放入洗净的菠菜，烫至菠菜变色、变软。

3 将菠菜在凉开水中过凉，捞出控干水后切成两段。

4 炒锅中放入油，烧至六成热后放入花生米，小火慢慢炒熟，放凉后压碎。

5 将菠菜放入容器中，加入盐、凉拌醋和香油拌匀。

6 加入花生碎和熟黑芝麻拌匀即可。

烹饪秘籍

1 炒花生米的火要小一些，并且要不停地用锅铲翻动，防止炒煳。

2 花生碎要最后加入，拌好之后要尽快吃，不然花生米吸潮，影响口感。

手撕鸡

🕐 15分钟（不含木耳泡发时间）
🔍 简单

主料

鸡胸肉200克·胡萝卜半根·干木耳20克

辅料

芝麻酱1汤匙·料酒2茶匙·辣椒油1茶匙

省时搭配 🕐

蒜蓉小白菜（P060）
菇香腐皮（P067）

烹饪秘籍

鸡胸肉不要煮过火，在煮的过程中可以用牙签扎扎看，观察鸡胸肉熟的程度。

做法

1 锅中倒入冷水，放入鸡胸肉，倒入料酒，大火煮至沸腾，转小火煮8分钟，捞出。

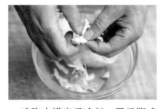

2 鸡胸肉捞出后冷却，用手撕成细丝。

3 木耳提前泡发，用开水焯熟，切细丝。

4 胡萝卜洗净，去皮，切细丝。

5 大碗中放入鸡丝、木耳丝和胡萝卜丝，放入芝麻酱和辣椒油，搅拌均匀即可。

拌卤肉

⏰ 10分钟　🔨 简单

主料

卤猪头肉400克・黄瓜1根

辅料

香葱5克・姜5克・蒜2瓣・花椒面1/2茶匙
胡椒粉1/2茶匙・盐1/2茶匙・鸡精1/2茶匙
熟白芝麻5克・辣椒油1汤匙・生抽3茶匙
白糖5克・香油1茶匙

省时搭配 ⏱

醋椒豆芽（P065）
清炒鸡毛菜（P071）

烹饪秘籍

如果时间充足且有条件，卤肉也可以在家自己做。此外，此菜也不拘泥于卤猪头肉，猪耳朵、猪尾巴等都可以拌食。

做法

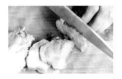

1 市面上出售的卤猪头肉，买回来后，根据食材的纹理走势，切成5毫米左右的片。

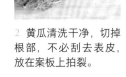

2 黄瓜清洗干净，切掉根部，不必刮去表皮，放在案板上拍裂。

3 将拍裂的黄瓜再顺势切成3厘米左右的段。

4 将香葱、姜、蒜洗净后，全部切成末，放入小碗中备用。

5 在盛有葱、姜、蒜的小碗中，依次加入白糖、盐、花椒面、胡椒粉、鸡精调匀。

6 再把准备好的生抽、辣椒油、白芝麻倒入，调成拌肉酱汁。

7 取一个大碗，将切好的黄瓜段和卤肉片混合在一起，拌匀。

8 最后再将调好的拌肉酱汁浇在卤肉上，淋香油拌匀即可装盘。

小葱拌豆腐

 15分钟　　简单

主料

豆腐250克 · 香葱2根

辅料

盐1/2茶匙 · 香油1/2茶匙

省时搭配 ◷

芦笋炒鸡柳（P084）

香菇贡丸汤（P152）

做法

1　豆腐洗净后控干水，切成约1厘米见方的小丁；香葱洗净后控干水，切成葱花。

2　锅中加入清水，煮开后放入豆腐丁，焯1分钟左右。

烹饪秘籍

豆腐是熟制品，可以直接食用。为了健康卫生起见，焯烫一下可以起到杀菌的作用。

3　将焯好的豆腐丁在凉开水中过凉，沥干。

4　将豆腐丁和葱花放在大碗中，加入盐和香油拌匀即可。

皮蛋豆腐

🕐 15分钟　　🍴 简单

主料

皮蛋1个·豆腐200克

辅料

盐1/2茶匙·凉拌醋2茶匙
姜10克·朝天椒2个

省时搭配 🕐

青萝卜洋葱炒饭（P167）
扁豆丝炒肉（P075）

做法

1 皮蛋去壳后切成1厘米左右的丁；豆腐洗净后控干水，切成1厘米左右的小丁；朝天椒洗净后控干水，切成圈；姜洗净后去皮，切成姜末。

2 锅中加入清水，煮开后放入豆腐丁，焯1分钟左右。

烹饪秘籍

豆腐有南豆腐和北豆腐之分，最好选择南豆腐，如果用北豆腐，口感会有些老。

3 将焯好的豆腐丁在凉开水中过凉。

4 将豆腐丁和皮蛋丁放入大碗中，加入凉拌醋、盐、姜末和辣椒圈拌匀即可。

蒜泥豇豆

 10分钟   简单

主料

豇豆250克·蒜30克

辅料

盐1/2茶匙·小米椒2个·生抽1茶匙
米醋2茶匙·香油1/2茶匙

省时搭配 ⏱

胡萝卜肉丝（P081）
茄子肉末炒饭（P169）

做法

1 豇豆洗净后控干水，切成8厘米左右的段；蒜去皮，洗净后切成蒜末；小米椒洗净后切成圆圈状。

2 锅中备水，烧开后放入豇豆段，焯烫2分钟至变色熟透。

3 将焯好的豇豆段在凉开水中过凉，捞出控干水。

┣ 烹饪秘籍 ┫

1 在焯豇豆的水中加入一点盐和油，能够使豇豆的颜色保持翠绿。

2 焯豇豆的时间不宜过久，否则会过软而影响口感。

4 将蒜末、盐、生抽、米醋、香油放入小碗中调成汁。

5 将放凉的豇豆段摆放在盘中，把小米椒圈均匀地撒在豇豆段的中间。

6 最后淋上调好的蒜泥汁即可。

蛋皮黄瓜

🕐 10分钟　　🍴 简单

主料

黄瓜2根 · 鸡蛋2个

辅料

植物油1茶匙 · 盐1/2茶匙 · 香油1/2茶匙
凉拌醋2茶匙 · 蒜15克

省时搭配 🕐

虾酱空心菜（P059）
麻辣肉片（P089）

—— 烹饪秘籍 ——

除了蒜泥汁，还可以在这款凉菜中加适量红油汁，味道有点辣，也会很好吃哦！

做法

1 将黄瓜清洗干净，用擦丝器擦成细丝；蒜去皮后洗净，用蒜泥器压成蒜泥；将鸡蛋磕入碗中，轻轻打散备用。

2 不粘平底锅小火烧热后先倒入油，再倒入蛋液，摊成薄薄的鸡蛋皮。

3 将煎好的鸡蛋皮放凉，切成约0.5厘米宽的条。

—— 烹饪秘籍 ——

如果没有不粘平底锅，可以将锅加热后放入油，然后倒入蛋液，热锅凉油有一定的防止粘锅的作用。

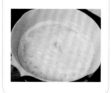

4 将蒜泥、凉拌醋、香油和盐倒入小碗中，搅拌均匀成为料汁。

5 将黄瓜和蛋皮放入大一些的容器中。

6 将料汁倒入其中，拌匀即可。

火腿黄瓜拌粉丝

🕐 10分钟　🍴 简单

主料

火腿肠80克·黄瓜70克·龙口粉丝100克

辅料

芥末油1茶匙·盐1/2茶匙
凉拌醋2茶匙·香油1茶匙

省时搭配 ⏱

鸡汁蒸平菇（P097）
牛肚炒香菜（P087）

做法

1 火腿肠切成5毫米左右的丝；黄瓜洗净后，用擦丝器擦成丝。

3 将焯好的粉丝在凉开水中过凉，捞出控干水。

2 锅中加入清水，煮开后放入粉丝，焯烫2分钟至熟透。

4 将火腿肠、黄瓜和粉丝放在大碗中，加入盐、芥末油、凉拌醋、香油，拌匀即可。

烹饪秘籍

1 不同品牌的粉丝煮熟所需的时间有所不同，煮粉丝时可以在快熟的时候捞出一根，试试是否熟透，避免久煮而导致粉丝易断。

2 在这款凉菜中加适量红油汁、蒜泥汁、麻辣汁或者椒麻汁，调成其他口味也是很不错的。

芥末菠菜粉丝

🕐 15分钟　🍴 简单

主料

菠菜200克 · 粉丝100克

辅料

芥末油1茶匙 · 盐1/2茶匙
凉拌醋2茶匙 · 香油1茶匙
熟黑芝麻2克

省时搭配 🕐

蒸三鲜（P105）
白灼菜心（P057）

做法

1 菠菜去掉根部，将叶子都掰下来，清洗干净。

2 锅中加入清水，煮开后放入菠菜，烫至菠菜变色、变软。

3 将菠菜在凉开水中过凉，捞出，控干水后切成两段。

4 另起一锅，加入清水，煮至沸腾后将粉丝焯烫2分钟至熟透，捞出，过凉水后控干水。

5 将菠菜和粉丝放在大碗中，加入盐、芥末油、凉拌醋、香油拌匀。

6 最后加入熟黑芝麻拌匀即可。

— 烹饪秘籍 —

焯菠菜的时候，在水中滴入几滴油，加入少许盐，能够使菠菜的颜色保持翠绿。

白菜心海蜇丝

 10分钟　　🍳 简单

主料

即食海蜇200克 · 白菜心100克

辅料

香油1汤匙 · 盐1克
凉拌醋2茶匙 · 香菜1棵

省时搭配 ⏱

土豆炒肉丝（P073）
虾皮冬瓜汤（P137）

做法

1　即食海蜇切成细丝；白菜心洗净后控干水，切成细丝；香菜洗净后切成2厘米左右的段。

2　将香油、凉拌醋倒入小碗中调成汁。

烹饪秘籍

不同品牌的海蜇丝含盐量不同，要根据自己的口味提前进行浸泡或者调节盐的用量。

3　将海蜇丝和白菜心放在大碗中，加入料汁拌匀。

4　加入盐调味，最后撒上香菜拌匀即可。

酸辣蕨根粉

🕐 15分钟　🔨 简单

主料

蕨根粉200克

辅料

盐1/2茶匙 · 绵白糖1/2茶匙 · 生抽1茶匙
凉拌醋2茶匙 · 辣椒油1茶匙 · 小米椒3个
蒜15克 · 香葱1根

省时搭配 🕐

空心菜梗炒肉末（P062）
糖醋面筋（P068）

做法

1 锅中加入清水，大火煮开后放入蕨根粉，煮约5分钟至蕨根粉充分熟透，中间没有硬心。

2 将煮好的蕨根粉在凉开水中过凉。

3 蒜去皮，洗净后切成蒜末；小米椒洗净后切成圈；香葱洗净后切成葱花。

烹饪秘籍

蕨根粉的粗细不同，煮的时间也会有所不同，为了防止粘锅，要多放一些水，并且勤搅拌。

4 将蒜末、小米椒圈放入小碗中，加入盐、绵白糖、生抽、凉拌醋、辣椒油，搅拌均匀调成料汁。

5 将蕨根粉放在大碗中，倒入调好的料汁拌匀。

6 将蕨根粉装盘，在表面撒上葱花即可。

豆筋大米面皮

🕐 10分钟　　🥄 简单

主料

大米面皮150克·黄瓜60克
绿豆芽30克·面筋70克

辅料

盐1/2茶匙·辣椒油1茶匙
生抽1茶匙·凉拌醋2茶匙
蒜15克·花椒2克

省时搭配 🕐

蘑菇蒸菜心（P098）
牛肉炒莴笋（P086）

做法

1 黄瓜洗净后用擦丝器擦成丝；绿豆芽洗净后控干水；蒜去皮后洗净，用压蒜器压成蒜泥。

2 锅中放入清水，大火烧开后放入面筋和绿豆芽，焯烫1分钟左右，捞出后在凉开水中过凉。

3 锅中加入少量清水，烧开后放入花椒，小火熬煮1分钟左右制成花椒水。

— 烹饪秘籍 —

如果时间充裕，也可以在家自制大米面皮。如果想要节省时间，可以直接购买市售大米面皮。

4 将花椒水、盐、辣椒油、生抽、凉拌醋、蒜泥放在小碗中调成酱汁。

5 将大米面皮、黄瓜丝、绿豆芽和面筋放入大碗中。

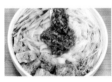

6 淋入酱汁，调匀即可食用。

炝拌豆芽凉皮

🕐 10分钟　🍳 简单

主料

凉皮150克·绿豆芽100克
胡萝卜40克

辅料

盐1/2茶匙·辣椒油1茶匙
芝麻酱20克·凉拌醋2茶匙
香葱1根

省时搭配 🕐

炝藕片（P077）
海带炒肉片（P072）

做法

1 凉皮切成1厘米左右宽的条；绿豆芽洗净后控干水；胡萝卜洗净，去皮后用擦丝器擦成丝；香葱洗净后切成葱花。

2 锅中放入清水，大火烧开后放入绿豆芽，焯烫1分钟左右，捞出后在凉开水中过凉。

烹饪秘籍

凉皮中加入芝麻酱可能会导致口感有些发干，可以加入少许蒜泥水或者花椒水来进行调整。

3 将绿豆芽、胡萝卜丝、凉皮放入大碗中，加入盐、辣椒油、凉拌醋、芝麻酱拌匀。

4 最后撒上葱花拌匀即可。

黑椒土豆泥

⏰ 15分钟　🥄 简单

主料

土豆300克

辅料

黄油5克・蚝油1茶匙・黑胡椒粉1克
玉米淀粉5克・牛奶10毫升・薄荷叶适量

省时搭配 ⏱

泰式绿咖喱煮虾仁（P114）
牛油果沙拉（P044）

做法

1 土豆洗净去皮切片。放入碗中，加水至土豆的1/3处。

2 盖上一层保鲜膜，放入微波炉高火转10分钟。

3 将土豆压成土豆泥，边压边倒入牛奶搅拌。

烹饪秘籍

熬酱时全程小火，熬好后立即关火，以免煳锅。

4 将黄油、蚝油、黑胡椒粉、玉米淀粉和50毫升的水一起放入锅中，加热，拌匀，熬成酱汁。

5 将土豆泥团成一个圆球，浇上熬好的酱汁，用薄荷叶点缀即可。

萝卜沙拉

 10分钟　　简单

主料

白萝卜200克

辅料

白糖1/2茶匙 · 柠檬1/4个（约10克）
胡椒粉1克 · 海苔碎5克 · 柴鱼片5克
盐适量

（省时搭配）

瑶柱黄金炒饭（P166）
蘑菇肉片汤（P118）

做法

1 白萝卜洗净、去皮，切成细丝。加盐抓拌腌制。待萝卜丝渗出水分后沥干。

2 取一个小碗，挤入柠檬汁，加入白糖和胡椒粉，搅拌均匀成酱汁。

3 将萝卜丝放入碗中，淋上调好的酱汁，充分搅拌。

4 放上柴鱼片和海苔碎即可。

烹饪秘籍

用盐提前腌制萝卜丝后，萝卜的香气跟盐充分融合，释放出最鲜美的味道，后面就不需再放盐调味了。

鱼子冷豆腐

 5分钟　　🔨 简单

主料
盒装内酯豆腐400克 · 即食鱼子酱20克

辅料
柴鱼片10克 · 风味芝麻酱30克

（省时搭配）
辣白菜肉丁炒饭（P168）
田园蔬菜汤（P140）

做法

1 将盒装内酯豆腐打开，扣在盘子上。

3 再撒上柴鱼片。

2 在豆腐上面淋上风味芝麻酱。

4 最后在顶层铺上鱼子酱即可食用。

营养贴士

内酯豆腐含有丰富的铁、钙等人体必需的矿物质，经常食用可以预防缺铁性贫血和骨质疏松。

烹饪秘籍

内酯豆腐先提前放入冰箱冷藏，在吃的时候凉凉的，口感会更佳。

牛油果沙拉

🕐 10分钟　　🔨 简单

主料

牛油果1个（约150克）·培根50克·圣女果50克

辅料

黑胡椒粉1克·盐1克

（省时搭配 🕐）

泰式柠檬焖蒸青口（P110）

快手田园小炒（P056）

做法

1　牛油果对半切开，取出果核，用勺子将果肉取出，切成小丁。

2　圣女果去蒂、洗净，每颗切成四瓣待用。

3　培根放入不粘锅中，用小火煎至两面金黄后盛出冷却。

4　用厨房纸吸去培根表面多余的油脂，再切成小丁。

5　将切好的牛油果、圣女果、培根丁混合，加入黑胡椒粉和盐并拌匀即可。

> **营养贴士**
>
> 培根中的脂肪、胆固醇及矿物质的含量比较高，不适合经常食用，但可以添加少许到比较单一的主食中，以丰富其风味及营养。

烹饪秘籍

挑选培根时，要选择色泽光亮，瘦肉颜色鲜红或暗红，肥肉呈乳白色或透明，表面干爽没有斑点，用手按压能感觉到肉质结实有弹性的培根。

紫薯肉松沙拉

🕐 15分钟　🥄 简单

主料

紫薯150克・肉松30克・黄瓜100克
速冻玉米粒50克

辅料

经典美乃滋20克

（省时搭配 🕐）

花蛤蒸蛋（P104）

番茄煮西葫芦（P112）

做法

1 洗净紫薯外皮的泥土，用餐巾纸包裹一层，并将餐巾纸打湿。

2 将包裹好的紫薯放入微波炉，高火加热6分钟。

3 取出紫薯，撕去餐巾纸，散热备用。

4 将散热后的紫薯去除两端纤维较多的部分，然后撕去外皮。

5 黄瓜洗净，去头去尾，切成边长1厘米左右的小丁。

6 将紫薯切成比黄瓜丁略大的小块。

7 玉米粒去浮冰，放入沸水中氽烫1分钟捞出，沥干水分。

8 将紫薯块、黄瓜丁、玉米粒放入沙拉盘中整齐地摆好，撒上肉松，挤上经典美乃滋即可。

火龙果龙利鱼沙拉

🕐 15分钟（不含腌制时间）　🍴 简单

主料

龙利鱼150克・白火龙果150克
草莓30克・蓝莓30克

辅料

黑胡椒碎1克・黑胡椒粉1克
海盐1克・植物油2茶匙
低脂沙拉酱1茶匙

省时搭配 🕐

蘑菇蒸菜心（P098）

做法

1 龙利鱼提前解冻，洗净，沥干水分，抹上黑胡椒粉、海盐腌制10分钟。

2 火龙果洗净，去皮，切成小丁；草莓洗净去蒂，切成小丁；蓝莓洗净沥干水分。

3 将火龙果丁、草莓丁、蓝莓混合，加入沙拉酱，稍稍拌匀。

4 平底锅加入植物油，烧至五成热时放入龙利鱼，将两面煎至金黄。

5 将煎好的鱼肉盛出，用厨房纸吸去表面多余油脂，切成小段。

6 将切好的鱼肉平铺在拌好的水果上，再撒上黑胡椒碎即可。

烹饪秘籍

草莓的表皮很脆弱，在挑选时要选择表皮没有挤压、碰撞及破损的，若购买超市中有包装盒的草莓，应带着原包装放入冰箱冷藏保存，食用时再取出清洗。

刺身三文鱼拌牛油果

🕐 10分钟　🍴 简单

主料

三文鱼200克·牛油果180克

辅料

橄榄油蔓越莓汁*30毫升·柠檬半个

（省时搭配 🕐）

蘑菇蒸菜心（P098）

*橄榄油蔓越莓汁的做法：
取200克橙子洗净，去皮、去核，放入料理机中榨汁；40克蔓越莓干洗净，用料理机搅碎；将蔓越莓碎和橙汁混合，依次倒入1汤匙橄榄油、1汤匙红酒醋、2克盐和少许胡椒粉，搅拌均匀即可。

做法

1　牛油果对半切开，去皮、去核，切成1厘米左右的厚片备用。

2　三文鱼切成1厘米左右的厚片备用。

3　将以上准备好的食材放入盘中摆盘。

=== 烹饪秘籍 ===

加入柠檬可以去除腥味，还可以使三文鱼的味道变得更加鲜美。

4　柠檬洗净，对半切开，取半个挤汁在食材上面。

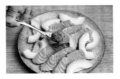

5　最后淋入橄榄油蔓越莓汁即可食用。

低脂脆燕麦水果沙拉

🕐 10分钟　🥄 简单

主料

脆粒型即食麦片30克・洋梨100克
香蕉100克・原味酸奶200克

辅料

混合坚果25克・柠檬汁少许・薄荷叶适量

省时搭配 🕐

菌菇豆腐汤（P141）

营养贴士

洋梨原产欧洲，营养价值极高，具有润肺化痰、生津止咳等功效。香蕉则具有清肠胃、治便秘、止烦渴、填精髓、解酒毒等功效。

做法

1 香蕉去皮，切成5毫米厚的片。

2 洋梨洗净，去皮去核，切成边长1厘米左右的小丁。

3 将切好的香蕉和洋梨放入沙拉碗，挤上少许柠檬汁，减缓氧化。

4 加入麦片。

5 倒入酸奶。

6 撒上混合坚果，点缀薄荷叶即可。

烹饪秘籍

市售脆粒型燕麦分为两种：一种是纯燕麦经特殊工艺干燥脆化，热量低，但口感较单一；另外一种是混合了各种水果干和坚果的，口感较好但热量较高，食用后者时可以免去混合坚果以减少总的热量摄入。

3

Chapter

美味小炒

快手"煮"义，舌尖挑战

肉丝跑蛋

🕐 10分钟　🍴 简单

主料

猪瘦肉100克·鸡蛋3个

辅料

香葱15克·香菜3根·盐1/2茶匙·鸡精1/2茶匙
淀粉1茶匙·生抽1茶匙·胡椒粉1/2茶匙
植物油10毫升

（省时搭配 🕐）

胡椒牛肉芹菜汤（P131）

蒜蓉凉拌绿苋菜（P025）

━━ 烹饪秘籍 ━━

在煎蛋的过程中，不要开大火，否则容易焦
煳，可以保持小火，将盖子盖上焖一会儿，
会让鸡蛋的口感更加顺滑。

做法

1 猪瘦肉洗净后，切成
宽3毫米、长4厘米的细
丝，装入小碗中，加入
淀粉、生抽抓匀后腌制
10分钟。

2 鸡蛋打散后，放少许
盐，备用。

3 再将鸡精、胡椒粉倒
入蛋液中拌匀。

4 香葱洗净后切成末，
香菜洗净切碎。

5 将腌好的猪肉丝倒进
盛有鸡蛋液的大碗中，
加入香葱末，拌匀。

6 炒锅内倒入油加热至
六成热，将肉丝鸡蛋液
倒进锅中，小火加热，
直到朝向锅底的一面煎
成金黄色。

7 小心地将鸡蛋整体翻
转一面，再用小火加热
另一面，直到两面都煎
成金黄色时，即可关火
盛出。

8 最后在表面撒少许香
菜碎装点即可。

尖辣椒炒鸡蛋

⏰ 10分钟　🍳 简单

主料

青尖椒1个·鸡蛋2个

辅料

盐2克·酱油1茶匙·植物油4汤匙·小苏打少许

省时搭配 ⏱

榨菜肉末蒸豆腐（P101）

藕丁炒饭（P161）

烹饪秘籍

可在此菜中加入少许红色的彩椒一同煸炒，色泽会更好看。如果偏爱辣口，加入适量豉油辣椒做底味，味道也是不错的。

做法

1　将青尖椒去蒂，对半纵向剖开，去子，洗净。如果担心辣手，可以用一次性塑料薄膜手套来拿青尖椒。

2　将青尖椒斜刀切成长丝备用。

3　加入半勺小苏打，将鸡蛋打散成蛋液，这样可以让炒好的鸡蛋更加膨松。

4　加入2克盐充分搅打均匀。静置片刻之后，鸡蛋蛋液的颜色微微变深。

5　锅中放2汤匙油烧至八成热，将蛋液倒入拨散，炒至凝固后盛出备用。

6　锅中重新放2汤匙油，将青尖椒放入大火爆炒，至香辣气息出现。

7　加入酱油，调味炒匀。

8　加入鸡蛋，翻炒均匀即可。

菠菜炒鸡蛋

🕐 10分钟　　🍴 简单

主料

鸡蛋3个·菠菜250克

辅料

姜5克·蒜2瓣·葱花5克·鸡精1/3茶匙

盐适量·植物油适量

省时搭配 🕐

鸡丝银鱼汤（P149）

杏鲍菇肉末炒饭（P173）

烹饪秘籍

打鸡蛋时加少许清水，可以使炒出来的鸡蛋更加膨松。

做法

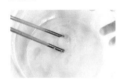

1 鸡蛋打入碗中，加适量盐、少许清水，用筷子搅拌均匀。

2 菠菜去根部，清洗干净，切四五厘米的长段。

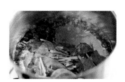

3 锅中倒适量水烧开，下切好的菠菜入锅中，汆烫一下，马上捞出。

4 捞出的菠菜放凉，挤去多余水分备用。

5 炒锅倒油，烧至六成热，倒入打散的蛋液。

6 待蛋液呈半凝固状时，用锅铲以打大圈的方式将鸡蛋炒散开来，然后盛出待用。

7 锅中再加少许油，下姜末、蒜末爆香。

8 然后下菠菜翻炒至断生，加盐、鸡精调味；再倒入炒好的鸡蛋翻炒均匀，撒上葱花即可出锅。

杭椒肉末炒鸡蛋

🕐 15分钟　　🔨 简单

主料

猪肉末200克·鸡蛋4个·杭椒2个

辅料

姜3克·蒜1瓣·料酒2茶匙·淀粉少许

老抽2茶匙·鸡精1/2茶匙·盐1茶匙

植物油适量

省时搭配 🕐

虾仁萝卜丝汤（P138）

荠菜干丝（P070）

烹饪秘籍

炒制肉末时会出少许水分，把水倒掉，会使菜的口感会更加清爽。

做法

1 猪肉末内调入料酒、老抽、盐、鸡精，搅拌均匀后腌制待用。

2 鸡蛋打入碗中，调入少许盐和淀粉，反复搅打成均匀的蛋液待用。

3 杭椒去蒂洗净，切成约1厘米的小段；姜、蒜去皮洗净，切姜末、蒜末。

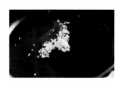

4 炒锅内倒入适量油，烧至七成热，爆香姜末、蒜末。

5 然后放入腌制后的猪肉末，大火快速翻炒至肉末变色后盛出待用。

6 炒锅内再倒入适量油，烧至七成热，倒入蛋液，待蛋液全部凝固后滑散，盛出待用。

7 炒锅内再倒入少许油烧热，放入杭椒段，快炒至出香味。

8 再将炒好的肉末和鸡蛋倒回锅内，大火快速翻炒均匀即可。

鸡蛋炒丝瓜

⏰ 10分钟　🍴 简单

主料

鸡蛋2个·丝瓜2根

辅料

姜5克·蒜5瓣·香葱2根·蚝油2茶匙
鸡精1/2茶匙·盐1茶匙·植物油适量

省时搭配 ⏱

糖醋面筋（P068）

香菇蒸鱼滑（P108）

─── **烹饪秘籍** ───

切好的丝瓜要放入清水中
浸泡，以防止氧化变黑。

做法

1　丝瓜去皮洗净切滚刀
块；放入清水中待用。

2　鸡蛋打入碗中，加少
许清水搅打均匀。

3　姜洗净切姜末；蒜去
皮洗净切蒜末。

4　香葱去掉根须部分，
洗净后切葱末待用。

5　锅中倒入适量油烧至
六成热，倒入蛋液。

6　待蛋液完全凝固后用
锅铲划成小块蛋花，然
后盛出待用。

7　锅中再倒入适量油烧
热，爆香姜末、蒜末；
放入丝瓜翻炒至熟透。

8　再倒入炒好的蛋花，
调入蚝油、鸡精、盐
翻炒均匀，撒上葱末
即可。

虾仁春笋炒蛋

⏰ 10分钟（不含腌制时间）　🍴 简单

主料
鲜虾仁100克·春笋200克·鸡蛋2个（约100克）

辅料
姜丝2克·料酒3茶匙·植物油1/2茶匙
盐1/2茶匙·葱花少许

省时搭配 ⏱
炝炒红菜薹（P058）
青萝卜洋葱炒饭（P167）

做法

1　鲜虾仁挑去虾线后洗净，控干水分，放入碗中，加入姜丝和1茶匙料酒抓匀，腌制10分钟。

2　将新鲜的春笋洗净后切薄片，用热水焯一下，控干备用。

3　鸡蛋磕入碗中，再倒入2茶匙料酒搅打均匀。

— 烹饪秘籍 —
炒鸡蛋时在蛋液中加入料酒有两大妙用：一是去腥；二是可以使炒出来的鸡蛋更加膨松，口感更好。

4　取一炒锅，烧热后倒油，中火烧至油微热，倒入蛋液，用筷子滑散，盛出备用。

5　锅内不用重新倒油，直接放入虾仁和春笋片，翻炒至虾仁成熟。

6　把刚才炒好的鸡蛋倒回锅中，加入盐调味，撒少许葱花点缀即可。

快手田园小炒

 15分钟　　簡单

主料

山药100克·荷兰豆80克
胡萝卜50克·鲜香菇50克

辅料

植物油1汤匙·蒜片5克
生抽1茶匙·盐少许

省时搭配 ⏱

孜然羊肉（P090）
青椒肉丝炒饭（P175）

做法

1 山药洗净，去皮，斜切成片；荷兰豆择去豆筋，斜切成段。

2 胡萝卜洗净，切成菱形片；鲜香菇洗净，去根，切成片。

3 锅里加入植物油，烧至五成热，下入蒜片爆香。

4 再依次下入山药、荷兰豆、胡萝卜、鲜香菇，每次都翻炒均匀后再加入下一种食材。

5 大火快炒2分钟后加入生抽、盐调味即可。

营养贴士

香菇富含脂溶性维生素D，应尽量使用炒的方式来烹饪，也可以用含有油脂的肉类来搭配，这样便可以促进维生素D的吸收。

烹饪秘籍

切好的山药片在烹饪前可以放在清水中浸泡，不仅可以有效防止其因为接触空气而氧化变黑，还能去除其中的淀粉，令炒好的成品更爽脆。

白灼菜心

🕐 8分钟　　🔨 简单

主料
菜心300克

辅料
蒜3瓣·葱3根·红尖椒2个·蚝油2茶匙
生抽2茶匙·盐适量·植物油适量

省时搭配 🕐
豆腐鱼片汤（P142）
酱油虾（P094）

── 烹饪秘籍 ──

"白灼"也适用于其他蔬菜，比如油菜、芥蓝等；买来的菜心根部比较老，一定要记得自己去掉下面的老根部分；汆烫菜心的时间不宜太久，菜心刚好断生就可以了。

做法

1 菜心去老根后清洗干净待用。

2 蒜剥皮拍扁，切蒜末；葱洗净切葱末。

3 红尖椒去蒂洗净，斜切小滚刀块。

4 锅中加入适量水，倒少许油，加适量盐烧开。

5 水开后下洗净的菜心入锅中，汆烫至菜心断青，捞出沥干多余水分装盘中。

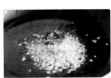

6 炒锅加适量油烧至七成热，下蒜末、红尖椒块爆香。

7 爆香后下蚝油、生抽调成酱汁；然后放入葱末。

8 最后将锅中调好的酱汁淋在盘中的菜心上即可。

炝炒红菜薹

🕐 8分钟　　🥄 简单

主料

红菜薹400克

辅料

姜5克·蒜2瓣·香葱2根·干红椒8个
花椒1小把·鸡精1/2茶匙·盐1茶匙
植物油适量

省时搭配 🕐

辣酱爆蛏子（P091）
竹笋雪菜汤（P139）

━━━ 烹饪秘籍 ━━━

买来的红菜薹根部较老的，可将其切掉不
要，如果觉得这样比较浪费，可将较老部分
的皮削去，这样炒出来的红菜薹也很鲜嫩。

做法

1 红菜薹择洗干净，沥
去多余水分待用。

2 姜、蒜去皮洗净，切
姜丝、蒜片。

3 香葱洗净，切葱末；
干红椒洗净，剪两段；
花椒洗净待用。

4 炒锅内倒入适量油，
烧至七成热，放入花椒
爆香后，捞出花椒粒。

5 然后放入姜丝、蒜
片，小火爆至出香味。

6 接着放入剪好的红椒
段爆香，辣椒子也一起
放入，会更香。

7 再放入洗净的红菜
薹，大火快炒至断生。

8 最后调入鸡精、盐、
葱末翻炒均匀即可。

虾酱空心菜

⏰ 15分钟　🍴 简单

主料
空心菜300克·虾酱3汤匙

辅料
蚝油2茶匙·淀粉1/2茶匙·生抽2汤匙
香油1茶匙·红尖椒1根·植物油3汤匙
蒜3瓣·姜2片

省时搭配 ⏱
芹菜肉丁炒饭（P176）
金枪鱼煮土豆（P113）

做法

1 空心菜择洗净，沥干水分，将菜秆与菜叶切开，再将秆与叶分别切成长约4厘米的段。

2 红尖椒洗净，切成圈；姜切末；蒜去皮，压成蓉。

3 蚝油与虾酱混合在一起，搅拌均匀。

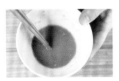

4 将淀粉、生抽、香油混合，加入少量清水调成芡汁。

5 炒锅中倒入植物油，烧至七成热时放入姜末、蒜蓉、红尖椒圈爆香，再下入蚝油虾酱炒香。

6 随后放入菜秆大火翻炒1分钟，再放入菜叶大火快炒1分钟，接着倒入芡汁勾芡，关火即可。

营养贴士

空心菜中富含叶绿素、维生素C和胡萝卜素，可增强体质，洁齿防龋，润泽皮肤。

烹饪秘籍

1 烹饪这道菜一定要大火快炒，从菜入锅开始不超过3分钟出锅。

2 蚝油和虾酱都有咸味，不用额外加盐。

蒜蓉小白菜

🕐 8分钟　🍴 简单

主料

小白菜400克·蒜1颗

辅料

姜5克·干辣椒3个·香葱2根·淀粉2汤匙
白胡椒粉少许·鸡精1/2茶匙·盐1茶匙
植物油适量

省时搭配 🕐

辣炒青口（P092）

秋葵煎鸡蛋（P103）

烹饪秘籍

一整颗的大蒜剥皮难免比较费劲，可将蒜瓣分别掰下，用刀背将其压扁，就能轻松撕去大蒜皮了。

做法

1 将小白菜一片片择好，反复洗净泥沙，沥干待用。

2 姜、蒜去皮，洗净，分别切姜末、蒜末；干辣椒洗净，剪碎段。

3 香葱洗净，切葱末；淀粉加适量清水调开成水淀粉待用。

4 炒锅内倒入适量油，烧至七成热，放入姜末、蒜末、干辣椒段爆香。

5 然后放入洗净的小白菜，大火快炒至小白菜断生。

6 接着倒入调好的水淀粉，翻炒均匀，勾薄芡。

7 再调入白胡椒粉、鸡精、盐，翻炒均匀调味。

8 最后在出锅前撒入葱末，翻炒均匀即可。

双椒金针菇肉丝

🕐 15分钟（不含腌制时间） 🔨 简单

主料

猪瘦肉100克·金针菇100克
青辣椒1个·红辣椒1个

辅料

香葱5克·姜5克·蒜2瓣·淀粉1茶匙
白胡椒粉1/2茶匙·盐1/2茶匙·鸡精1/2茶匙
生抽1/2茶匙·料酒2茶匙·植物油30毫升

省时搭配 ⏱

黄瓜煎蛋汤（P126）
白菜心海蜇丝（P037）

— **烹饪秘籍** —

黑胡椒香辣味道更加浓郁，适合炖肉及烹制野味；白胡椒较之黑胡椒，味道要柔和一些，适合烹制鱼类、红烧等。

做法

1 猪瘦肉洗净后，切成5毫米宽、4厘米长的肉丝。

2 加盐、生抽、料酒、淀粉抓匀，腌制10分钟。

3 青辣椒、红辣椒洗净切丝；金针菇洗净，切掉根部。

4 葱、姜、蒜洗净切成末，备用。

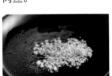

5 锅中放油加热至五成热，下葱末、姜末、蒜末爆香。

6 将肉丝倒入锅中，大火炒至肉丝表面颜色发白。

7 将金针菇和青辣椒、红辣椒丝倒入锅中，大火翻炒3分钟。

8 向锅中加入盐、鸡精、生抽、白胡椒粉，炒匀后关火即可。

空心菜梗炒肉末

 10分钟　　简单

主料
空心菜梗200克·猪肉末30克

辅料
蒜1瓣·植物油1汤匙·盐1/2茶匙·料酒1汤匙

省时搭配

爽口莴笋丝（P063）

菇香腐皮（P067）

做法

1 空心菜梗洗净，切成均匀的小段，蒜切末。

2 锅烧热，放油，烧至五成热后，放入蒜末爆香。

3 肉末下锅，中小火煸炒，淋入料酒。

4 炒至肉末水分收干。

5 倒入空心菜梗，大火翻炒3分钟左右。

6 加盐炒匀即可起锅。

烹饪秘籍

1 肉末在锅里翻炒至干而松散，不能太湿润。

2 空心菜梗在锅里始终处于大火快炒状态，不能加水。

爽口莴笋丝

⏰ 10分钟　🍴 简单

主料

莴笋1根

辅料

胡萝卜20克・白醋1茶匙・香油1茶匙
白糖1/2茶匙・盐2克・黑芝麻1克

省时搭配 ⏱

剁椒鸡丁（P085）
炝藕片（P077）

营养贴士

莴笋的浆液丰富，味道清新略苦，有利于增加胆汁分泌，帮助消化，增进食欲。吃多了油腻的食物可以吃莴笋调节改善。

做法

1 莴笋择掉叶子，切去根部，去皮，洗净，切成细丝。

2 胡萝卜去皮，洗净，切成细丝。

3 烧适量开水，放入莴笋丝和胡萝卜丝，氽烫30秒捞出，立刻放入冰水中浸泡2分钟。

烹饪秘籍

莴笋氽烫时间不要超过40秒，焯水后要过冰水才能保持爽脆的口感。

4 捞出莴笋丝、胡萝卜丝，沥干水分，盛盘。

5 在莴笋丝、胡萝卜丝中加入白醋、香油、盐、白糖，搅拌均匀。

6 最后均匀撒入黑芝麻点缀即可。

椒盐平菇

🕐 15分钟　🍴 中等

主料

平菇300克

辅料

鸡蛋1个·盐1/2茶匙·面粉适量·鸡精适量
椒盐适量·植物油500毫升（实耗约100毫升）
薄荷叶适量

省时搭配 🕐

鸡毛菜芙蓉汤（P136）
花蛤蒸蛋（P104）

做法

1 将平菇洗净，尤其是靠近根部和菌褶的地方要仔细清洗，然后撕成比较细的条。

2 煮开一锅水，加适量鸡精，做成简易高汤，在焯平菇的时候可以给平菇更鲜美的底味。

3 将平菇放入锅中焯熟，注意需要在汤滚沸后下锅，等到汤再次滚沸后持续煮2~3分钟。

4 将平菇捞出沥干水分备用。最好多沥一会儿，以免挂糊的时候脱浆。

5 将鸡蛋打散成蛋液，混入面粉和盐，制成面糊备用。黏稠程度比粥再稠一点就可以。

6 将平菇放入面糊中，裹匀一层面糊。面糊的厚度以在外面裹匀一层就可以，不用特别厚。

7 锅中放油烧至七成热，将挂糊的平菇放入炸制。炸制的同时可以将下一拨平菇先挂好糊。

8 炸至表面金黄后捞出，沥干油分装盘，以薄荷叶为点缀，蘸椒盐食用即可。

醋椒豆芽

 10分钟　　🍴 简单

主料
黄豆芽适量

辅料
红椒1/2个·小葱适量·植物油适量
陈醋1汤匙·盐适量

省时搭配 ⏱
芦笋炒鸡柳（P084）
西蓝花肉丁炒饭（P174）

做法

1 红椒洗净、切丝；小葱切成和豆芽长短差不多的小段。

3 红椒丝和小葱发皱时，下入洗净的黄豆芽，转大火翻炒。

2 炒锅烧热，加入适量油，小火下入红椒丝和葱段炝锅。

4 豆芽出水变软后，调入陈醋和盐，炒匀即可。

━ 烹饪秘籍 ━
豆芽本身就是水分比较多的食材，洗完后一定要尽量沥干水分再下锅，不然会让这道菜变成"上汤豆芽"。豆芽适合全程大火快炒，盛到盘子里才不会水汪汪、湿答答的。

豆芽炒腐皮

🕐 15分钟（不含浸泡时间）　🍴 简单

主料

绿豆芽250克・豆腐皮1张・青椒1个

辅料

香葱5克・姜5克・蒜2瓣・生抽1茶匙
料酒1茶匙・干辣椒3根・白糖1/2茶匙
盐1/2茶匙・鸡精1/2茶匙・植物油15毫升

省时搭配 🕐

肉炒萝卜干（P082）
橄榄菜肉丁炒面（P179）

━━━ 烹饪秘籍 ━━━

这里所说的豆腐皮，是我国传统的豆制品，有的地方叫干张，有的地方称为干豆腐，并不是指"油皮"。绿豆芽含水量较大，应该猛火快炒，如果出汤过多，会影响成菜的口感。

做法

1 绿豆芽择净，用清水浸泡10分钟，冲洗干净，控水备用。

2 豆腐皮用清水洗净，切成5毫米宽、3厘米长的丝。

3 青椒洗净后去掉蒂，切成5毫米宽、3厘米长的丝。

4 葱、姜、蒜洗净切末，干辣椒洗净切成1厘米左右的段。

5 锅里放油烧至五成热，放入葱末、姜末、蒜末和辣椒段，爆香。

6 将切好的豆腐皮丝和青椒丝倒入锅中炒3分钟。

7 再将绿豆芽倒入锅中一同大火翻炒。

8 在锅中调入盐、鸡精、白糖、料酒、生抽，大火炒匀后，关火即可。

菇香腐皮

 15分钟　🍳 简单

主料
鲜香菇8朵·豆腐皮200克

辅料
青蒜40克·葱5克·姜5克·酱油1汤匙
鸡精1/2茶匙·香油少许·植物油3汤匙

省时搭配 ⏱
拌卤肉（P030）
金银蒜蒸娃娃菜（P096）

烹饪秘籍

豆腐皮如果不用水煮，可用
油炸的方式进行预处理，这
样做出的豆腐皮会更有嚼劲。

做法

1 香菇洗净去蒂，切成
宽度在5毫米左右的粗
条；豆腐皮洗净，切成
宽度近似的条。

2 葱洗净、切葱花；姜
洗净、切片；青蒜洗
净，切成5厘米左右的
长段。

3 锅中放入清水煮沸，
下入豆腐皮烫煮一下捞
出沥水。

4 锅中放油烧至七成
热，下入葱花、姜片
爆香。

5 下入豆腐皮大火煸炒，
放入5毫升酱油调味。

6 豆腐皮炒出香味，且
有些微干的时候，放
入香菇炒至香菇变软、
熟透。

7 调入酱油、鸡精翻炒
均匀。

8 最后放入青蒜段，大
火翻炒几秒钟，淋香油
出锅即可。

糖醋面筋

🕐 15分钟　🔨 中等

主料

面筋200克

辅料

菜椒1个・姜2片・干辣椒3个・白糖1汤匙
醋1汤匙・料酒1茶匙・生抽2茶匙・盐适量
植物油适量

（省时搭配 🕐）

火腿黄瓜拌粉丝（P035）
鸡毛菜芙蓉汤（P136）

做法

1 面筋洗净，对半切开，然后切细丝待用。

2 菜椒去蒂去子，洗净，切成与面筋同等的细丝。

3 姜片去皮洗净切碎末；干辣椒洗净切小段。

4 准备一个小碗，将白糖、醋、料酒、生抽全放入碗中，再加少许盐、清水调匀待用。

5 锅中入适量油，烧至六成热时，下姜末、干辣椒段爆香。

6 然后下切好的面筋入锅中翻炒均匀。

7 倒入调好的酱汁入锅中炒匀；然后大火收至汤汁微干。

8 最后下切好的菜椒入锅，快速翻炒均匀即可出锅。

果汁里脊

⏰ 15分钟（不含腌制时间）　🔨 中等

主料
猪里脊350克

辅料
番茄酱5汤匙·柠檬汁50克·大葱15克
酱油1汤匙·白糖1汤匙·淀粉1.5汤匙
料酒2茶匙·盐适量·植物油适量

省时搭配 ⏱
花生菠菜（P028）
紫菜蛋花汤（P123）

── 烹饪秘籍 ──
这里的果汁也可以换成其他的，不喜欢太酸的可以将柠檬汁换成鲜榨橙汁，味道也是一级棒哦。

做法

1 猪里脊清洗干净，切1厘米粗、5厘米长的肉段，加料酒、淀粉、酱油腌制片刻。

2 大葱洗净切葱段待用。

3 锅中入适量油烧至七成热，下里脊炸至表面金黄微焦，捞出沥干多余油分。

4 锅中留适量底油，下葱段煸香。

5 然后倒入番茄酱，小火慢炒片刻。

6 下炸好的里脊条，中小火翻炒均匀；加入白糖、盐、适量清水，大火烧开。

7 开锅后转中小火煮至里脊条入味，然后转大火收至汤汁微干。

8 最后淋上柠檬汁翻炒均匀，待汤汁黏稠后即可关火出锅。

荠菜干丝

 10分钟（不含浸泡时间）　🍴 简单

主料

荠菜200克・五香豆腐干2块

辅料

香葱5克・姜5克・蒜三四瓣

白胡椒粉1/2茶匙・盐1/2茶匙・鸡精1/2茶匙

植物油15毫升

省时搭配 ⏱

泡椒沸腾牛柳（P088）

火腿黄瓜炒饭（P171）

烹饪秘籍

如何看油温？一般来说，三四成热时，油温90～130℃，油面比较平静；五成热时，油温130～170℃，油面微有青烟，油从四周向中间翻动；七成热时，油温170～230℃，油面有大量青烟冒出，用炒勺搅动，会发出声响。

做法

1 荠菜仔细择掉老叶，在清水中浸泡20分钟，清洗干净后，控水备用。

2 五香豆腐干切成5毫米左右的丝。

3 葱、姜、蒜洗净后，切成末，备用。

4 锅里放油烧至五成热，也就是油面微有青烟，油从四周向中间翻动。

5 烧热的油锅放入葱末、姜末、蒜末爆香。

6 将切好的豆腐干丝倒入锅中炒匀。

7 再将荠菜倒入锅中同大火翻炒3分钟。

8 在锅中加入白胡椒粉、盐、鸡精，炒匀后关火即可盛出。

清炒鸡毛菜

🕐 8分钟　🍳 简单

主料

鸡毛菜500克

辅料

蒜2瓣·干辣椒3个·鸡精1/2茶匙
盐1/2茶匙·植物油适量

省时搭配 ⏱

酱爆花蛤（P093）
炝拌豆芽凉皮（P040）

─── 烹饪秘籍 ───

有的鸡毛菜买来还有根须，这样的要择掉根须，并去掉那些老掉的菜叶，炒出来的鸡毛菜会更加脆嫩。

做法

1 鸡毛菜仔细择洗干净，沥干多余水分待用。

2 蒜剥皮洗净，用刀背拍扁然后切蒜末待用。

3 干辣椒洗净，切1厘米左右长的小段待用。

4 炒锅内倒入适量油烧至七成热，放入蒜末、干辣椒段爆出香味。

5 然后放入洗净的鸡毛菜，大火快速翻炒。

6 鸡毛菜比较易熟，大约1分钟后，鸡毛菜的颜色会变得略深，也会被炒软。

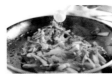

7 最后加入盐、鸡精调味，快速炒匀即可关火出锅。

海带炒肉片

 10分钟（不含腌制和泡发时间）　简单

主料

干海带100克·猪瘦肉100克·胡萝卜1/4个
青辣椒1个·红辣椒1个

辅料

香葱10克·姜5克·蒜3瓣·盐1/2茶匙
鸡精1/2茶匙·花椒粉1/2茶匙·生抽2茶匙
料酒2茶匙·白糖1茶匙·植物油20毫升

省时搭配

地三鲜（P076）

菌菇豆腐汤（P141）

做法

1 将干海带在温水中泡发，并用清水反复冲洗，直至表面没有细沙粒。

2 将泡发好的海带切成2.5厘米见方的片。

3 猪瘦肉洗净后，切成3毫米左右的薄片，加盐、料酒、1茶匙生抽腌10分钟。

4 胡萝卜、青辣椒、红辣椒洗净切片，葱、姜、蒜洗净切末，备用。

5 锅中放油烧至五成热，将葱末、姜末、蒜末倒入锅中爆香。

6 将猪肉片倒入锅中大火炒至肉片变色后，烹入料酒，再倒入海带，大火翻炒8分钟。

7 将切好的青红辣椒片、胡萝卜片倒入锅中，继续翻炒5分钟。

8 在锅中加入盐、鸡精、生抽、白糖、花椒粉炒匀后，关火即可。

土豆炒肉丝

 15分钟　🍴 简单

主料

土豆200克·猪肉200克·青尖椒50克

辅料

生抽1茶匙·白醋1茶匙·料酒1茶匙
淀粉1/2茶匙·葱末、姜末、蒜末各5克
胡椒粉1/2茶匙·鸡精1/2茶匙·盐1/2茶匙
植物油2汤匙

省时搭配 ⏱

豆芽炒腐皮（P066）
凉拌菜花（P026）

做法

1 土豆削皮洗净后，切成土豆丝，放入清水中备用。充分漂洗几次，洗去多余的淀粉。

2 肥瘦适宜的猪肉切成粗细均匀的肉丝。如果感觉不太好切，可以先略微冻硬。

3 将肉丝放入小碗中，加少许料酒、淀粉、生抽，拌匀腌制5分钟。

4 青尖椒去蒂、去子，洗净后切丝。如果不喜欢吃辣，可以选择青椒。

5 炒锅加油烧热后，下葱末、姜末、蒜末爆香。

6 将腌好的肉丝下锅中滑散，炒至肉变色。注意油温和火力不要太大，以防一下子把肉炒老。

7 放入土豆丝继续翻炒，加盐、白醋、鸡精、胡椒粉和少量清水煮沸，再收干汤汁。

8 最后加入青椒丝翻炒均匀，至青椒丝断生，关火装盘即可。

芹菜牛肉丝

🕐 15分钟　🍴 中等

主料

牛里脊250克・芹菜150克

辅料

生抽1汤匙・白糖1汤匙・蛋清1/3个・淀粉1汤匙
小苏打1/4汤匙・盐适量・植物油适量

省时搭配 🕐

蘑菇蒸菜心（P098）

鸡蛋炒丝瓜（P054）

— 烹饪秘籍 —

择洗芹菜时，尽量用手掰，不要用刀切，这样便于去除粗一些的经络，炒出来的芹菜更加脆嫩；牛肉上浆时，加少许小苏打，可以起到嫩肉的作用。

做法

1 芹菜去根叶，用手折成5厘米左右长段，并撕去较粗的经络，洗净备用。

2 牛里脊肉洗净，顺着纹理切细丝。

3 切好的牛肉丝加小苏打抓匀，10分钟后用水冲洗干净，并控去多余水分备用。

4 牛肉丝放入大碗中，加生抽、白糖、蛋清，用手抓匀。

5 再加入淀粉，继续用手反复抓匀至牛肉上浆。

6 炒锅烧热，倒入适量油，下入上浆的牛肉丝，中小火炒至牛肉断生后盛出备用。

7 锅中再加适量油，烧至六成热，下芹菜丝翻炒至颜色翠绿。

8 加适量盐调味，下入炒至断生的牛肉丝，翻炒均匀后即可出锅。

扁豆丝炒肉

 15分钟（不含腌制时间） 🍴 简单

主料

猪里脊350克·扁豆200克

辅料

姜末5克·蒜末5克·葱花3克
料酒1茶匙·酱油2茶匙·淀粉1茶匙
鸡精1/2茶匙·盐1茶匙·植物油适量

省时搭配 ⏱

老干妈炒藕丁（P078）
香菇豆腐汤（P147）

— 烹饪秘籍 —

扁豆丝一定要炒熟透，不然容易引起食物中毒；也可以先行将扁豆丝放入开水中焯至熟透后捞出，沥水后再炒。

做法

1 猪里脊在流水下清洗干净，切5毫米左右粗细的丝。

2 切好的里脊丝加入料酒、酱油、淀粉反复抓匀，腌制待用。

3 扁豆择去老筋，洗净，然后斜着切细丝待用。

4 炒锅放油烧至七成热，放入肉丝，大火快炒至变色后盛出待用。

5 炒锅内再倒入适量油烧至七成热，放入姜末、蒜末爆香。

6 然后放入切好的扁豆丝，大火快炒至扁豆丝熟透。

7 待扁豆丝熟透后，加入鸡精、盐翻炒调味。

8 最后倒入炒好的肉丝，翻炒数下，并撒入葱花炒匀即可。

地三鲜

🕐 15分钟　🔨 简单

主料

茄子1个·土豆1个·青椒2个

辅料

植物油适量·盐3克·姜1块·蒜3瓣
生抽1汤匙·白糖1茶匙·白醋少许

省时搭配 🕐

茄子肉末炒饭（P169）
凉拌菠菜（P027）

—— 烹饪秘籍 ——

这道菜在焖煮时，
要随时翻动食材，
以免粘锅。

做法

1 茄子去蒂洗净，切成滚刀块，茄子含水量较大，可以稍微切大块一些。

2 土豆削皮洗净，切成滚刀块，放在一盆添加了少许白醋的清水中浸泡，避免土豆变色。

3 姜、蒜去皮洗净切成片，青椒切段备用。

4 锅中倒油烧至四成热，放入茄子炸制，待茄子表皮微焦后盛出沥油。

5 锅中留底油烧至五成热时加入姜、蒜，用小火炒香，加入土豆，改用大火炒匀。

6 土豆炒匀后加入一小碗清水，先用大火烧开，开锅后改用小火焖至土豆半熟。

7 此时加入茄子块、青椒、生抽、白糖，改用大火翻炒均匀。

8 再盖上锅盖，改用小火焖煮至食材全部软烂，根据个人口味加盐调味，即可出锅装盘。

炝藕片

⏰ 15分钟　🔨 简单

主料

藕250克

辅料

香葱5克・姜3克・蒜三四瓣・干辣椒4个
花椒粒4粒・白糖1/2茶匙・白醋1/2茶匙
盐1/2茶匙・鸡精1/2茶匙・植物油15毫升

省时搭配 ⏱

番茄鱼丸汤（P153）
酸辣蕨根粉（P038）

烹饪秘籍

用热水焯过的藕片，要过一遍冷水，这样才
会口感爽脆。藕有许多气孔，容易藏一些污
泥在里面，最好在切过以后，再用清水冲洗
一下，确保干净。

做法

1 藕用刀削去表皮后，
用清水清洗干净，因为
有孔，清洗要仔细，防
止残留泥沙。

2 将洗净的藕切成3毫
米厚的薄片，备用。

3 葱、姜、蒜洗净切
末，干辣椒洗净切成
1厘米左右的段。

4 锅中清水烧开，滴几
滴白醋，下藕片汆烫3
分钟关火。

5 捞出藕片过凉开水，
再控干水分装入碗中。

6 将盐、鸡精、剩余白
醋、白糖、葱末、姜末、
蒜末调入碗中。

7 锅中烧少许油至五成
热，下花椒粒和干辣椒
段爆香后，关火。

8 趁热将油泼在藕片
上，拌匀后装盘即可。

老干妈炒藕丁

⏰ 10分钟　🔨 简单

主料

莲藕300克

辅料

老干妈辣酱3汤匙 · 蒜2瓣

香葱2根 · 盐少许 · 植物油适量

（省时搭配 ⏱）

虾仁春笋炒蛋（P055）

香肠煮圆白菜（P111）

―――― 烹饪秘籍 ――――

藕丁切好后要放入清水中浸泡，以防止氧化变黑；在炒制之前可再淘洗几次，洗去多余淀粉，这样炒出来的藕丁更加脆爽。

做法

1 莲藕去皮洗净，切大小适中的小丁待用。

2 蒜去皮洗净，切蒜末，尽量越细越好。

3 香葱择洗干净，切成约5毫米的葱末待用。

4 锅内倒入适量清水烧开，放入藕丁，并加盐余烫2分钟后捞出沥水。

5 炒锅内倒入适量油，烧至七成热，放入蒜末爆香。

6 然后放入余烫后的藕丁，大火快炒1分钟。

7 接着放入老干妈辣酱，翻炒至藕丁均匀裹上辣酱。

8 最后撒入切好的葱末，快速翻炒均匀即可。

干锅腊肉菜花

🕐 15分钟（不含浸泡时间） 🔪 简单

主料

有机菜花400克·腊肉100克
青蒜50克·青尖椒2根

辅料

香葱10克·姜10克·蒜4瓣·干辣椒5个
花椒粒5粒·盐1/2茶匙·鸡精1/2茶匙
酱油2茶匙·料酒2茶匙·白糖1茶匙
植物油30毫升

省时搭配 🕐

清炒鸡毛菜（P071）
黄瓜肉片汤（P129）

— 烹饪秘籍 —

有机菜花比起一般的菜花，花茎要细一些，
更容易熟。如果用普通菜花，可以事先用热
水焯一下，就比较易于烹饪了。

做法

1 腊肉用温水洗净后切3毫米左右厚的片。

2 菜花洗净后，撕成小朵，再用淡盐水浸泡10分钟后，控水。

3 青蒜、青尖椒洗净后切成3厘米左右的段备用。

4 葱、姜、蒜洗净后，葱切末，姜、蒜切片，干辣椒洗净切段。

5 锅中放油加热至五成热，下花椒粒、干辣椒段爆香后，加入葱末、姜片、蒜片炒香。

6 将切好的腊肉倒入锅中，中小火煸炒出油，即腊肠中间的肥肉部分变成透明。

7 将控过水的有机菜花倒入锅中，大火翻炒5分钟，再将青蒜和青尖椒倒入锅中炒3~5分钟。

8 在锅中加入酱油、料酒、白糖、鸡精、盐，炒匀后即可盛出。

莴笋炒腊肠

⏰ 15分钟　🥄 简单

主料

腊肠2根・莴笋1根

辅料

姜5克・蒜2瓣・香葱2根
蚝油2茶匙・植物油适量

省时搭配 ⏱

娃娃菜三丝豆腐汤（P144）
菠菜炒鸡蛋（P052）

───── 烹饪秘籍 ─────

腊肠普遍口感较干，在烹制之前先用温水浸泡一段时间，可使腊肠口感变软；在清洗莴笋时，如果根部较老，要注意切掉不要。

做法

1 腊肠仔细洗净，放入清水锅中，大火煮约8分钟。

2 莴笋去皮，洗净，切薄片，放入清水中浸泡待用。

3 将煮好的腊肠捞出，放凉，切薄片待用。

4 锅内再加入适量清水烧开，放入莴笋片氽烫至断生后捞出。

5 姜、蒜去皮切末；香葱洗净，切末。

6 炒锅内倒适量油烧至七成热，爆香姜末、蒜末。

7 然后放入氽烫后的莴笋片，大火炒匀并加入蚝油调味。

8 再放入腊肠片，继续大火翻炒均匀，撒入葱末即可。

胡萝卜肉丝

🕐 10分钟（不含腌制时间）　🍴 简单

主料

猪里脊肉150克·胡萝卜1个

辅料

香葱5克·姜5克·蒜2瓣·淀粉1/2茶匙
盐1/2茶匙·鸡精1/2茶匙·生抽1/2茶匙
料酒2茶匙·胡椒粉1茶匙·植物油20毫升

省时搭配 🕐

油菜素炒面（P180）
田园蔬菜汤（P140）

=== 烹饪秘籍 ===

胡萝卜只需要洗净，不必去皮。

做法

1 里脊肉洗净后，切成5毫米宽、3厘米长的肉丝。

2 肉丝中，加入盐、料酒、生抽、淀粉抓匀腌10分钟。

3 胡萝卜洗净后，切成细丝，待用。

4 葱、姜、蒜洗净后，切成末。

5 锅中放油烧至五成热，将葱末、姜末、蒜末倒入锅中爆香。

6 将猪肉丝倒入锅中大火炒至变色后，烹入料酒。

7 将胡萝卜丝倒入锅中，继续大火翻炒5分钟。

8 将盐、鸡精、胡椒粉加入锅中，炒匀后关火盛出即可。

肉炒萝卜干

 10分钟（不含腌制时间） 🍴 简单

主料

五花肉250克・萝卜干250克
青尖椒I根・红尖椒I根

辅料

白糖I茶匙・老抽I茶匙・生抽I茶匙
料酒I茶匙・干辣椒5克・鸡精I/2茶匙
葱末、姜末、蒜末各5克・植物油2汤匙
淀粉少许

省时搭配 ⏱

小葱拌豆腐（P031）
鸡毛菜芙蓉汤（P136）

—— 烹饪秘籍 ——

这道菜加不加盐取决于萝卜干的咸度。

做法

1 五花肉洗净去皮，切成I厘米左右见方的小丁。

2 肉丁放入小碗中，调入生抽、料酒、淀粉，拌匀腌制10分钟。

3 萝卜干切丁，如果萝卜干过咸，可以在温水里稍微泡一下。

4 青尖椒洗净去蒂切圈；红尖椒切成辣椒圈。

5 锅内放油烧至七成热，下葱末、姜末、蒜末及干辣椒爆香。

6 将肉丁下入锅中，大火煸炒至肉丁出油，表面微焦。

7 将萝卜干丁下锅，大火翻炒均匀。

8 放入青尖椒圈、红尖椒圈、盐（也可不加）、料酒、白糖、生抽、老抽、鸡精少许，大火炒匀即可。

香菇炒肉丁

🕐 15分钟（不含腌制时间） 🍳 简单

主料
五花肉250克·鲜香菇4朵

辅料
姜5克·蒜2瓣·香葱3根·料酒2茶匙
生抽2茶匙·淀粉1汤匙·盐适量
植物油适量

省时搭配 🕐
秋葵煎鸡蛋（P103）
酸辣汤（P125）

── 烹饪秘籍 ──

做这个菜用干香菇会有一番风味，只是需要提前用温水泡发干香菇。

做法

1 五花肉清洗干净，切小丁；加料酒、生抽腌制15分钟待用。

2 鲜香菇洗净，切成与肉丁同等大小待用。

3 姜、蒜去皮洗净切姜末、蒜末；香葱去根须洗净切葱末。

4 锅中倒入适量油烧热，下姜末、蒜末爆香。

5 下肉丁大火快速翻炒至肉丁变白，盛出待用。

6 锅中再倒入适量油烧至七成热，下香菇丁，大火翻炒至香菇出水变软。

7 将肉丁再次倒入锅中，中大火力炒至食材熟透，加适量盐翻炒均匀。

8 淀粉加适量水调开，倒入锅中勾芡；最后撒上葱末即可出锅。

芦笋炒鸡柳

 15分钟（不含腌制时间）　🍴 简单

主料

芦笋300克·鸡胸肉400克

辅料

红甜椒1个·料酒2茶匙·淀粉2茶匙
鸡精1/2茶匙·白糖少许·盐1茶匙·植物油适量

省时搭配 ⏱

老干妈炒藕丁（P078）

香菜拌萝卜丝（P024）

─── 烹饪秘籍 ───

买来的芦笋底部都比较老，芦笋洗净后要用刀把老掉的部分切掉，不然会影响口感；滑炒鸡柳时油温一定不能太高，这样鸡柳才够嫩。

做法

1 鸡胸肉清洗干净，切手指粗细的长段。

2 切好的鸡柳加盐、料酒、淀粉拌匀腌制待用。

3 芦笋清洗干净斜切三四厘米长的段待用。

4 红甜椒去蒂去子洗净，然后切细丝待用。

5 锅中倒入适量水烧开，下切好的芦笋段焯烫3分钟捞出。

6 炒锅内倒入适量油烧至四成热，下入腌制好的鸡柳，滑炒至变色。

7 然后下入焯烫后的芦笋翻炒一下，再放入红甜椒丝炒匀。

8 最后加入盐、鸡精、白糖翻炒调味即可。

剁椒鸡丁

🕐 10分钟　　🔨 简单

主料

鸡胸肉300克

辅料

剁椒80克·姜5克·蒜2瓣·葱适量
料酒2茶匙·生抽1汤匙·盐适量·植物油适量

（省时搭配 🕐）

蛋皮黄瓜（P034）

蒜蓉小白菜（P060）

─── 烹饪秘籍 ───

做这道菜并不局限于使用鸡胸肉，鸡腿肉也
可以；因为剁椒本身有咸味，所以最后加盐
调味时一定要按照个人口味加以调整。

做法

1 鸡胸肉洗净，切小丁
备用。

2 姜、蒜去皮洗净切
姜末、蒜末；葱洗净切
葱末。

3 锅中加适量清水烧
开，倒入料酒、生抽和
切好的鸡丁。

4 大火煮至再次开锅，
捞出鸡丁，控干多余水
分待用。

5 炒锅烧热，加适量油
烧至六成热。

6 下姜末、蒜末爆香，
然后下剁椒翻炒均匀。

7 倒入控干水分的鸡
丁，大火快速翻炒。

8 炒至锅内水分微干
时，加少许盐调味，最
后撒上葱末即可。

牛肉炒莴笋

🕐 15分钟（不含腌制时间）

🔍 简单

主料

牛里脊300克·莴笋200克

辅料

姜5克·蒜2瓣·淀粉1汤匙·料酒2茶匙

生抽2茶匙·鸡精1/2茶匙·盐1茶匙

植物油适量

省时搭配 🕐

蘑菇肉片汤（P118）

白灼菜心（P057）

烹饪秘籍

莴笋片切好后，放入开水锅中汆烫至断生，再捞出沥去多余水分，炒制的时候就可以更快了。

做法

1 牛里脊用流水洗净，切成两三毫米的薄片。

2 切好的牛里脊加料酒、生抽、淀粉抓匀，腌制片刻待用。

3 莴笋去皮洗净，斜切2毫米左右的薄片。

4 姜去皮洗净，切姜末；蒜去皮洗净，切蒜末。

5 炒锅倒油烧至七成热，下入腌制好的牛里脊炒至变色，然后盛出待用。

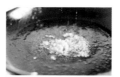

6 锅中再倒入适量油，放入姜末、蒜末爆至出香味。

7 然后放入莴笋片，快速翻炒片刻至断生。

8 最后倒入炒过的牛里脊，并调入鸡精、盐，翻炒均匀后即可出锅。

牛肚炒香菜

🕐 15分钟　🍳 简单

主料

牛肚400克·香菜100克

辅料

姜5克·蒜2瓣·干辣椒6个·料酒2茶匙
蚝油1汤匙·鸡精1/2茶匙·盐1/2茶匙
植物油适量

省时搭配 🕐

清炒鸡毛菜（P071）
桂花蒸山药（P099）

— 烹饪秘籍 —

清洗牛肚时，为了更好地去除油脂，可以先反复浸泡，然后撒少许小苏打于牛肚表面，并反复搓洗，最后过清水洗净即可。

做法

1 牛肚仔细清洗干净，切5毫米粗、5厘米长的细丝。

2 切好的牛肚丝下入开水锅中，加入料酒氽烫30秒左右，捞出冲去浮沫待用。

3 香菜清理掉根须部分，洗净后切5厘米左右长段。

4 姜去皮洗净切细丝；蒜剥皮洗净切薄片；干辣椒洗净切1厘米的段。

5 锅内倒适量油烧至七成热，下入姜丝、蒜片、干辣椒段爆至出香味。

6 然后倒入氽烫过的牛肚丝，大火快速翻炒1分钟。

7 再加入蚝油、鸡精、盐，继续翻炒调味。

8 最后放入香菜段，翻炒均匀后即可关火出锅。

泡椒沸腾牛柳

 10分钟（不含腌制时间）　　简单

主料

牛里脊300克

辅料

红泡椒2个·泡芹菜丝15克·泡姜15克
料酒2茶匙·生抽2茶匙·淀粉2茶匙
白胡椒粉1/2茶匙·盐少许·植物油适量

省时搭配 ⏱

冰镇芥蓝（P021）

鸡汁蒸平菇（P097）

— 烹饪秘籍 —

牛里脊在腌制前，可以反复多次加入少许水
进行抓拌，每次抓拌至里脊肉吸饱水，然
后再进行调味腌制，这样炒出来的里脊更嫩
更滑。

做法

1 牛里脊用流水清洗干净后切成细丝。

2 切好的里脊丝加料酒、生抽、白胡椒粉、淀粉拌匀，腌制片刻待用。

3 红泡椒切成同里脊丝粗细相仿的泡椒丝。

4 泡姜先切薄片，再切细丝待用。

5 热锅倒油烧至七成热，下入腌制好的里脊丝滑炒至变色后捞出。

6 锅内留少许底油，下入泡椒丝、泡姜丝、泡芹菜丝炒至出香味。

7 然后倒入滑好的里脊丝翻炒均匀。

8 最后加少许盐翻炒调味后即可出锅。

麻辣肉片

⏰ 15分钟（不含腌制时间）

🍳 中等

主料

猪里脊300克·油菜50克

辅料

姜3克·花椒2克·豆瓣酱2汤匙·辣椒油1汤匙
鸡蛋清1个·淀粉少许·酱油1茶匙
料酒1/2茶匙·盐适量·植物油适量

省时搭配 ⏱

萝卜沙拉（P042）
蚕豆鸡蛋汤（P121）

烹饪秘籍

豆瓣酱里面的豆瓣有时候
会比较大颗，剁碎以后用
来炒菜，香味会更加浓郁，
口感也会更好的。

做法

1 猪里脊洗净切薄片
备用。

2 切好的里脊加料酒、
酱油、鸡蛋清、淀粉搅
拌均匀，腌制片刻。

3 油菜择洗干净；放入
开水锅中汆烫至断生后
捞出装盘备用。

4 姜洗净切姜末；豆瓣
酱取出剁碎；花椒洗净
待用。

5 热锅倒油，烧至七
成热，下姜末、花椒
爆香。

6 下剁碎的豆瓣酱翻炒
至出红油。

7 倒入腌制好的肉片，
大火爆炒至肉片熟透。

8 加辣椒油翻炒均匀，
加盐调味后出锅，铺在
汆烫好的油菜上即可。

孜然羊肉

🕐 10分钟（不含腌制时间） 🍴 中等

主料

羊肉400克

辅料

青椒2个·姜2片·蒜2瓣·香葱2根

干辣椒3个·孜然粉1/2汤匙·孜然粒1汤匙

料酒2茶匙·生抽2茶匙·淀粉1/2汤匙

白糖1茶匙·盐1茶匙·植物油适量

省时搭配 🕐

青萝卜洋葱炒饭（P167）

清炒鸡毛菜（P071）

烹饪秘籍

喜欢吃辣的，可以在首次炒制羊肉时，热油下入适量辣椒粉爆香，但是油温一定要控制好，而且要小火，不然辣椒粉很容易煳掉。

做法

1 羊肉洗净，切薄片，加入料酒、生抽、孜然粉、淀粉抓匀，腌制待用。

2 青椒去蒂去子，洗净，切小块；干辣椒洗净，剪小段待用。

3 姜、蒜去皮洗净，分别切姜末、蒜末；香葱洗净，切葱末。

4 炒锅内倒适量油，烧至七成热，放入腌制后的羊肉片，大火快炒至羊肉变色后盛出。

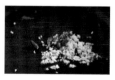

5 炒锅内再倒少许油烧热，放入姜末、蒜末、干辣椒段爆至出香味。

6 接着放入青椒块，翻炒半分钟左右，然后放孜然粒，继续翻炒均匀。

7 再放入炒制后的羊肉片，继续翻炒至羊肉均匀裹上孜然粒。

8 最后调入白糖、盐翻炒调味，出锅前撒入葱末即可。

辣酱爆蛏子

🕐 10分钟（不含浸泡时间）

🍴 简单

主料

蛏子500克·青尖椒、红尖椒各1个

辅料

蒜、姜、葱各5克·干辣椒3~5个
花椒粒少许·剁辣椒酱2茶匙
料酒2茶匙·生抽1茶匙·鸡精、胡椒粉各少许
白糖适量·植物油30毫升

(省时搭配 ⏱)

白灼菜心（P057）
黄瓜煎蛋汤（P126）

做法

1 将蛏子洗净，若有泥沙，需放入清水中，加少许盐，泡数个小时，等其将泥沙吐净。

2 青红尖椒洗净，斜切成段，葱姜蒜洗净，切成末，干辣椒剪成段备用。

3 锅中放清水，加少许姜末，冷水中放入蛏子，水开后氽烫，捞出沥水。

4 锅中放油烧热，下葱姜蒜末、干辣椒段和花椒粒爆香。

5 将青红尖椒放入锅中翻炒均匀，这时候香辣的气息会瞬间迸发出来。

6 将焯好的蛏子倒入锅中，继续大火快速翻炒，在其成熟的同时，也被赋予了香辣气息。

7 加入辣椒酱、料酒、鸡精、白糖、胡椒粉、生抽炒匀，蛏子烹饪过程中会出一些水，大火收汁即可。

8 最后出锅前撒少许香葱末，关火盛出即可。

辣炒青口

⏰ 15分钟（不含浸泡时间）　🔨 简单

主料

青口贝500克·青尖椒、红尖椒各1个

辅料

蒜5克·姜5克·葱5克·干辣椒3~5个
花椒粒少许·剁椒2茶匙·料酒2茶匙
生抽1茶匙·香醋1茶匙·鸡精、胡椒粉各少许
白糖适量·盐少许·植物油30毫升

省时搭配 ⏱

番茄煮西葫芦（P112）
爽口莴笋丝（P063）

—— 烹饪秘籍 ——

吃贝类最担心的就是会有未洗净而残留的泥沙，先用开水烫一下，张口后再用清水冲，无疑是给这道菜又上了一道保险。

做法

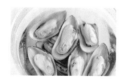

1 将青口贝洗净，加入少许盐浸泡一下，使肉质更有弹性。

2 青尖椒、红尖椒洗净斜切成段，葱姜蒜洗净，切成末，干辣椒剪成段备用。

3 取一个小碗，将料酒、盐、鸡精、白糖、醋、胡椒粉、生抽放入，调成调味汁。

4 锅中加清水和少许姜，将青口贝汆烫片刻，捞出用清水冲洗，沥水备用。

5 锅中放油烧热，下葱姜蒜末、干辣椒段、花椒粒和剁椒爆香。

6 将青、红尖椒段放入锅中翻炒均匀。这个时候如果辣椒很辣，会有些呛眼睛，记得开足抽油烟机的马力。

7 将焯好的青口贝倒入锅中继续大火翻炒，直至食材熟透。

8 将调味汁倒入锅中炒匀，即可关火盛出。

酱爆花蛤

🕐 15分钟（不含浸泡时间） 🍴 简单

主料

鲜活花蛤500克

辅料

植物油适量·姜1块·盐适量·黑胡椒1茶匙
小葱2根·啤酒1汤匙·海鲜酱1汤匙
大豆酱1汤匙·蒜两三瓣

省时搭配 🕐

香菜拌萝卜丝（P024）
菌菇豆腐汤（P141）

—— 烹饪秘籍 ——

这道菜放入花蛤后需要持续用大火快炒，让花蛤尽快开口入味，开口后时间不能太长，因为花蛤肉细嫩，加热时间太长会使花蛤肉紧缩，口感变老。

做法

1 用刷子仔细将花蛤的外壳刷洗干净，放进加盐的清水中浸泡2小时以上，使其吐净泥沙。

2 姜洗净切成细末；蒜切末；小葱洗净，葱白和葱绿切成末，分开放置。

3 起油锅，油五六成热时放入姜末、蒜末、葱白末小火炒香。

4 放入大豆酱翻炒煸香，为了防止煳锅，要注意持续用小火。

5 倒入沥干水分的花蛤，改用大火持续进行翻炒。

6 花蛤刚刚开始开口时，往锅里烹入啤酒，翻炒均匀。

7 在锅里放入海鲜酱、黑胡椒，并且放入适量的盐进行调味。

8 用大火烧开汤汁，待收汁时撒上葱绿末起锅即可。

酱油虾

🕐 15分钟　🍴 简单

主料

鲜虾350克

辅料

青尖椒1个·红尖椒2个·姜5克·蒜2瓣
酱油1/2碗·植物油适量

省时搭配 🕐

白灼菜心（P057）

荠菜干丝（P070）

烹饪秘籍

鲜虾挑去虾线洗净后，加少许料酒腌制一下，虾肉会更鲜嫩。

做法

1 鲜虾过流水清洗干净，然后开背挑去虾线，沥干水分待用。

2 青尖椒、红尖椒去蒂去子后洗净，并切碎末待用。

3 姜去皮洗净切姜末；蒜剥皮洗净切蒜末。

4 锅中加适量油烧至八成热。

5 下入沥干水分的鲜虾炸至变色后捞出沥油。

6 锅中留少许底油，下姜末、蒜末、青椒末、红椒末煸至出香味。

7 然后倒入酱油，并加入少许清水熬制2分钟左右关火待用。

8 将炸好的虾装入深盘中，均匀淋上熬制好的酱油汁即可。

T

4

Chapter

蒸炖煮品

慢炖美味，温情饱满

金银蒜蒸娃娃菜

🕐 15分钟　🍳 中等

主料

娃娃菜2棵（约300克）·粉丝30克

辅料

蒜50克·豆豉10克·蒸鱼豉油1汤匙
植物油1汤匙

省时搭配 ⏱

香菇炒肉丁（P083）
豆芽炒腐皮（P066）

做法

1 将蒜切成碎粒（不可做成蒜泥）。

2 锅中加入植物油烧热，放入一半的蒜粒，小火炸成金黄色。

3 加入豆豉、蒸鱼豉油和1汤匙清水，烧开关火。

4 将蒜酱汁装入碗中放至温热，加入另一半蒜粒，搅拌均匀成金银蒜酱汁。

5 将粉丝泡软，放入盘底。

6 将娃娃菜切成适口大小，铺在粉丝上，淋上1汤匙金银蒜酱汁。

7 将蒸锅中的水煮沸，待蒸锅上汽，大火蒸8分钟。

8 取出，根据口味再淋上适量金银蒜酱汁即可。

鸡汁蒸平菇

 15分钟　🥄 简单

主料
平菇200克·浓鸡汤200毫升

辅料
姜丝少许·盐1/2茶匙·水淀粉适量

省时搭配 ⏱
杭椒肉末炒鸡蛋（P053）
炝藕片（P077）

做法

1　将平菇洗净，撕成大块，控干水分。

2　将平菇放入碗中，加入浓鸡汤、姜丝和盐。

3　将蒸锅中的水煮沸，待蒸锅上汽，上蒸锅蒸10分钟。

4　将平菇取出装盘。

5　将碗底的鸡汁放入小锅中煮沸，加入水淀粉勾芡。

6　将熬好的鸡汁淋在平菇上即可。

烹饪秘籍
用香菇、茶树菇代替平菇亦可。

蘑菇蒸菜心

🕐 15分钟　🍳 简单

主料

菜心200克 · 蘑菇6朵

辅料

蒸鱼豉油2茶匙 · 蒜片少许 · 植物油1/2汤匙

省时搭配 🕐

麻辣煮鸭血（P116）

醋椒豆芽（P065）

做法

1 将菜心处理干净，切成长段，铺在盘底。

2 蘑菇洗净，切成厚片，铺在菜心上。

3 将蒸锅中的水煮沸，待蒸锅上汽，放入蒸锅中大火蒸5分钟，取出。

4 将小锅烧热，倒入植物油，放入蒜片炸至金黄色。

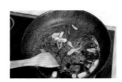

5 加入蒸鱼豉油、少许蒸菜心盘中的汤汁，煮开成酱汁。

6 将熬好的酱汁淋在蘑菇蒸菜心上即可。

烹饪秘籍

可以用芥蓝等蔬菜替换菜心。

桂花蒸山药

🕐 15分钟　　🔨 简单

主料

山药1根（约300克）

辅料

糖桂花1汤匙·白醋1汤匙·薄荷适量

省时搭配 ⏱

豆筋大米面皮（P039）

炝炒红菜薹（P058）

做法

1 将山药削皮、洗净，切成长条。

2 将山药放入大碗中，加入白醋和适量清水，浸泡片刻。

烹饪秘籍

可以在顶部放少许枸杞子作为点缀，视觉效果更好。

3 将蒸锅中的水烧沸，待蒸锅上汽，将山药控干水分放入盘中，上笼蒸10分钟，取出。

4 将山药装盘，淋上糖桂花，点缀薄荷即可。冷食热食均可。

西蓝花煮鸡胸肉

🕐 15分钟　🔨 简单

主料

西蓝花1棵（约300克）·鸡胸肉1块

鲜香菇3朵·高汤1碗

辅料

盐少许·黑胡椒碎少许

（省时搭配 🕐）

鱼子冷豆腐（P043）

海带炒肉片（P072）

做法

1 将西蓝花掰成小朵，洗净控水。鲜香菇洗净，切成厚片。

2 小锅中放入高汤煮开，放入鸡胸肉，用盐和黑胡椒碎调味。

3 待鸡胸肉煮熟捞出，略微放凉，撕成方便食用的大块。

4 将高汤大火烧至约剩下一半的量，放入西蓝花、香菇片、鸡胸肉煮熟，用盐和黑胡椒碎调味即可。

—— 烹饪秘籍 ——

1 用菜花或者其他绿叶蔬菜代替西蓝花也很美味。

2 没有高汤可以用浓汤宝代替，但需要注意控制盐分。

榨菜肉末蒸豆腐

⏰ 15分钟　🔨 中等

主料

嫩豆腐1块（约300克）· 猪肉末30克 · 榨菜20克

辅料

葱花1茶匙 · 植物油1茶匙
香油1/2茶匙 · 生抽1/2茶匙

省时搭配 ⏱

菇香腐皮（P067）
火腿黄瓜炒饭（P171）

做法

1 榨菜切碎备用。

2 平底锅烧热，加入少许植物油，放入猪肉末炒散。

3 加入榨菜翻炒，淋入生抽、香油调味。

烹饪秘籍

如果不使用榨菜，使用梅菜、冬菜也同样美味。

4 将嫩豆腐切成厚片，码入盘中。

5 将蒸锅中的水煮沸，待蒸锅上汽，将豆腐放入蒸锅中蒸10分钟，取出。

6 铺上炒好的榨菜肉末，撒上葱花即可。

虾仁蒸蛋

 15分钟（不含冷藏时间） 🔨 简单

主料

鸡蛋4个·虾仁7只

辅料

蒸鱼豉油2茶匙·盐1/2茶匙
料酒1茶匙·白胡椒粉少许
葱末适量

（省时搭配 ⏱）

芦笋炒鸡柳（P084）
腊肠炒饭（P158）

做法

1 虾仁用少许盐、料酒、白胡椒粉拌均匀，冷藏30分钟。

2 将鸡蛋打散，加入100毫升清水，过筛，装入深碗中。

3 将蒸锅中的水烧沸，待蒸锅上汽，将鸡蛋入蒸锅蒸8分钟。

烹饪秘籍
可放入银杏果、香菇等食材同蒸。

4 待表面凝固，摆上虾仁，再蒸3分钟，取出。

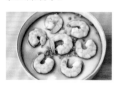

5 在蒸好的蛋羹上淋上蒸鱼豉油，撒上葱末即可。

秋葵煎鸡蛋

🕐 15分钟　🍴 简单

主料

秋葵80克·鸡蛋3个（约150克）

辅料

植物油1汤匙·盐1/2茶匙·白胡椒粉1/2茶匙

省时搭配 🕐

虾皮冬瓜汤（P137）

豉椒炒面（P181）

做法

1　秋葵洗净，去掉头尾；鸡蛋磕入碗中，搅打均匀。

2　秋葵放入滚水中焯半分钟，捞起冲冷水。

3　将秋葵横切成星星状的薄片。

烹饪秘籍

如不喜欢秋葵的黏液，可以切开再焯。

4　秋葵和蛋液混合，放入盐、白胡椒粉，搅拌均匀。

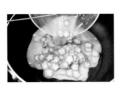

5　锅烧热，放油，烧至六成热后，倒入秋葵蛋液。

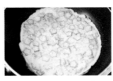

6　中小火煎至蛋液凝固即可起锅。

花蛤蒸蛋

🕐 15分钟（不含浸泡时间） 🔨 简单

主料

花蛤15只·鸡蛋2个

辅料

葱末适量·香油1茶匙·生抽少许·盐适量

（省时搭配 🕐）

凉拌小素鸡（P023）
空心菜梗炒肉末（P062）

烹饪秘籍

汆烫花蛤时，花蛤开口时间不一致，所以开一个就要捞出一个，否则会煮得太老；蛋液和水的比例是1：1，比例上的小小偏差都会影响蒸蛋的最终效果。

做法

1 花蛤提前用盐水浸泡两三小时，使其吐尽泥沙。

2 将浸泡过后的花蛤用刷子刷洗干净外壳。

3 锅中倒水烧开后下洗净的花蛤，汆烫至开口后捞出。

4 将开口的花蛤放入蒸盘中，保持开口向上。

5 鸡蛋打入碗中，加适量盐打散；再加入与蛋液同等量的水搅打均匀。

6 将搅打好的蛋液倒入装花蛤的蒸盘中，蒙上保鲜膜，并将保鲜膜用牙签扎几个小孔。

7 将蒸盘放入冷水蒸锅中，大火蒸至水开后转中小火继续蒸10分钟左右。

8 最后淋入少许生抽，滴上香油、撒上葱末即可。

蒸三鲜

⏰ 15分钟　🍴 中等

主料

鱼丸6个・午餐肉100克
基围虾100克・白菜100克

辅料

姜丝少许・高汤100毫升
白胡椒粉少许・盐1/2茶匙

省时搭配 ⏱

白灼菜心（P057）
秋葵煎鸡蛋（P103）

做法

1 将白菜洗净，切成块，放入深碗中。

2 基围虾剪去虾须，挑去虾线。

3 午餐肉切成厚片。

烹饪秘籍

可以增加香菇片、青菜、冬笋片等蔬菜，荤素搭配，营养更均衡。

4 将鱼丸、基围虾、午餐肉摆在白菜上。

5 将高汤、姜丝、白胡椒粉、盐均匀混合，淋在深碗中。

6 将蒸锅中的水煮沸，待蒸锅上汽，入蒸锅大火蒸8分钟，取出即可。

蒜蓉蒸虾

🕐 15分钟　🔨 简单

主料

基围虾500克

辅料

蒜1头・香葱2根・盐1/2茶匙・橄榄油少许

省时搭配 🕐

快手田园小炒（P056）

杏鲍菇肉末炒饭（P173）

> **烹饪秘籍**
>
> 背部划开后的虾如果不能直接展平，可以借助擀面杖或者勺子之类的工具轻轻敲打至展平。

做法

1 基围虾洗净剪去虾须，背部开刀，挑去虾线。

2 然后沿着背部开刀处平划一刀，将虾展平。

3 准备一个干净大盘，将准备好的基围虾头朝内呈圆形均匀排好。

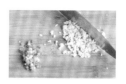

4 大蒜剥皮后切蒜蓉，越细越好；香葱洗净切葱末。

5 将切好的蒜蓉加入盐、少许橄榄油搅拌均匀。

6 然后将搅拌好的蒜蓉均匀地铺在虾肉上。

7 蒸锅加适量水烧开，将准备好的虾盘入锅大火蒸六七分钟。

8 最后在蒸好的虾上均匀撒上葱末即可。

豆豉蒸鱼

🕐 15分钟（不含腌制时间）

🔍 中等

主料

鳊鱼1条 · 豆豉2汤匙

辅料

姜4片 · 料酒2茶匙 · 香葱2根 · 酱油1汤匙
盐适量 · 植物油适量

省时搭配 🕐

豆芽炒腐皮（P066）
鸡毛菜芙蓉汤（P136）

─── 烹饪秘籍 ───

为了使蒸出来的鱼肉保持鲜嫩的口感，一定
要大火沸水快蒸，并且保证一次蒸熟，蒸两
遍会使鱼肉变老，有损口感。

做法

1 鱼清洗干净，背腹各
划上三四道口。

2 鱼身均匀地抹上适
量盐，洒上料酒腌制
15分钟。

3 姜片切细丝；香葱洗
净后，将葱白和葱绿分
开切小段。

4 盘底铺上少量姜丝再
放鱼，并淋上酱油。

5 再放上剩下的姜丝，
并均匀地撒上豆豉。

6 蒸锅上水烧开，将鱼
放进锅中大火蒸10分钟
后出锅。

7 出锅后的鱼撒上葱绿。

8 另起炒锅烧热油，下
葱白爆香后淋到鱼上
即可。

香菇蒸鱼滑

 15分钟　🍴 中等

主料

龙利鱼肉200克 · 猪肥膘50克 · 鸡蛋清1个

辅料

盐1/2茶匙 · 白胡椒粉少许 · 淀粉少许
葱末1汤匙 · 鲜香菇8朵 · 生抽适量

省时搭配 🕐

爽口莴笋丝（P063）
藕丁炒饭（P161）

做法

1 将龙利鱼和猪肥膘切成块。

2 将龙利鱼、猪肥膘放入搅拌机中搅成蓉。

3 将鱼蓉放入大碗中，加入盐、白胡椒粉，顺着同一方向搅打上劲。

4 加入鸡蛋清和淀粉搅打至顺滑，加入葱末拌匀制成鱼滑。

5 鲜香菇洗净，剪去根蒂。

6 将做好的鱼滑酿入香菇中。

7 将蒸锅中的水煮沸，待蒸锅上汽，大火蒸8分钟，取出装盘。

8 蘸生抽碟食用即可。

烹饪秘籍

可以用虾仁代替鱼肉，制成虾滑。

泰式柠檬焖蒸青口

⏰ 15分钟　　🔨 中等

主料
青口贝10只

辅料
青柠檬1/2个 · 黄柠檬1/2个 · 香茅1根
姜2片 · 海鲜酱油少许

省时搭配 ⏱
咖喱炒饭（P159）
白灼菜心（P057）

> **烹饪秘籍**
>
> 购买青口贝时，应该挑选壳身完整、壳口紧闭或者轻轻敲击立刻紧闭的。这样的青口贝最新鲜，冲洗干净去除泥沙即可。

做法

1 青口贝洗净，拔去足丝。

2 掰开青口贝的外壳，留下有肉的一半备用。

3 青、黄柠檬切薄片，香茅斜切成段。

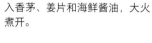

4 平底锅中加入少许清水，放入香茅、姜片和海鲜酱油，大火煮开。

5 汤汁煮沸后转中火，将青口贝有肉的一面朝下，盖上锅盖，中火焖蒸6～8分钟。

6 翻转青口贝，将有肉的一面朝上，并铺上柠檬片，盖上锅盖，关火闷2分钟即可。

香肠煮圆白菜

🕐 15分钟　🍴 简单

主料

圆白菜4片·西式香肠4根·蘑菇4个

辅料

高汤1碗·盐少许·黑胡椒碎少许

省时搭配 🕐

手撕鸡（P029）

芹菜肉丁炒饭（P176）

烹饪秘籍

1 建议选用可即食的熟制香肠，如果选用生香肠，应适当延长烹煮时间。

2 选用日式高汤、清鸡汤等清淡的高汤味道较好。

做法

1 将圆白菜洗净，随意撕成适口的大小。

2 蘑菇洗净，一切为二。

3 用小刀在香肠上划几刀，以便出味。

4 将高汤放入小锅中煮开。

5 加入圆白菜、蘑菇、香肠煮5分钟，用盐和黑胡椒碎调味。

6 装盘，趁热食用即可。

番茄煮西葫芦

🕐 15分钟　　🥄 简单

主料

番茄2个（约300克）· 西葫芦1根

辅料

橄榄油1汤匙 · 盐少许 · 黑胡椒碎少许

省时搭配 🕐

椒盐平菇（P064）

牛肉炒莴笋（P086）

做法

1 番茄洗净，用小刀将蒂部切掉。

2 将番茄放入沸水中氽烫，至皮裂开后捞出，放入凉水中撕去皮。

3 将番茄切成月牙状。

烹饪秘籍

如果不使用新鲜番茄，也可以用番茄罐头代替，风味更加浓郁。

4 西葫芦洗净，一分为二，切成厚片。

5 锅烧热，放入橄榄油，加入切好的番茄块翻炒至出水分。

6 加入西葫芦翻炒，加入少许清水炖煮至软，用盐和黑胡椒碎调味即可。

金枪鱼煮土豆

 15分钟　　🍳 简单

主料

金枪鱼罐头（油浸为佳）1罐 · 土豆500克

辅料

清酒20毫升 · 日本酱油20毫升 · 味醂20毫升
白糖5克 · 植物油10毫升

省时搭配 🕐

芥末菠菜粉丝（P036）
秋葵煎鸡蛋（P103）

做法

1 准备好所有材料，金枪鱼罐头打开备用。

2 土豆洗净，削皮，切块。

3 小锅烧热，加入植物油和土豆块轻轻拌炒。

烹饪秘籍

可以根据自己的喜好撒上葱末、黑胡椒碎等。

4 加入金枪鱼罐头（连同汤汁）、清酒、一杯清水，煮开。

5 加入白糖和味醂，调中火，煮至土豆能用筷子轻轻插入的程度。

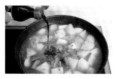

6 加入日本酱油，调小火，收汁即可。

113

泰式绿咖喱煮虾仁

🕐 12分钟　🍴 简单

主料

虾仁12只 · 茄子100克 · 西葫芦100克

辅料

青咖喱酱1汤匙 · 椰浆100毫升 · 罗勒叶10片
盐少许 · 黑胡椒碎少许

省时搭配 🕙

西蓝花煮鸡胸肉（P100）
快手田园小炒（P056）

做法

1 将西葫芦和茄子分别洗净，一分为二，切成厚片。

2 小锅内放入青咖喱酱、椰浆和少许清水烧开。

3 放入茄子、虾仁、西葫芦煮3分钟。

4 用盐和黑胡椒碎调味，放入罗勒叶，即可装盘。

━━ 烹饪秘籍 ━━

1 可以将蔬菜换成自己喜欢的品种。
2 绿咖喱较辣，请酌情使用。

白葡萄酒煮青口

🕐 15分钟　　🔨 简单

主料

青口贝500克·白葡萄酒1杯

辅料

蒜末1茶匙·洋葱末1茶匙·黄油1小块

月桂叶1片·百里香1枝·黑胡椒碎少许

欧芹碎1茶匙

省时搭配 🕐

凉拌菜花（P026）

肉丝跑蛋（P050）

做法

1 青口贝刷洗干净。

2 小锅中放入黄油烧至融化，加入蒜末和洋葱末爆出香味。

3 加入月桂叶、百里香、黑胡椒碎、葡萄酒烧开。

烹饪秘籍

1 如果使用清酒代替白葡萄酒，即为清酒煮青口。

2 使用其他种类的贝类代替青口贝也同样美味。

4 放入青口贝，盖上盖子，煮5分钟至开口，关火。

5 撒上欧芹碎即可。

麻辣煮鸭血

🕐 15分钟　　🔨 简单

主料

鸭血300克 · 泡椒3个 · 火锅底料1汤匙

辅料

蒜苗2根 · 姜末1茶匙 · 蒜末1茶匙

高汤1碗 · 盐少许

省时搭配 🕐

清炒鸡毛菜（P071）

小葱拌豆腐（P031）

做法

1 将鸭血洗净，切成块；蒜苗择洗干净，切成段。

3 小锅中加入高汤煮沸，放入火锅底料、姜末、蒜末、泡椒再次煮开。

2 沸水中加入少许盐，加入鸭血汆烫约2分钟，捞出控水。

4 放入鸭血块煮熟，加入蒜苗段，煮开即可装盘。

烹饪秘籍

1 建议选择预蒸熟的鸭血，使用较方便，用猪血亦可。

2 在出锅前加入少许陈醋，便是美味的酸辣鸭血。

5

Chapter

佐菜鲜汤

滋补养生，味蕾享受

蘑菇肉片汤

⏰ 10分钟（不含浸泡时间）　🔨 简单

主料

口蘑200克 · 猪里脊300克

辅料

姜5克 · 蒜2瓣 · 香葱2根 · 红尖椒2个
鸡蛋清1/2个 · 淀粉2茶匙 · 料酒1茶匙
蚝油1汤匙 · 盐2茶匙 · 植物油适量

省时搭配 ⏱

双椒金针菇肉丝（P061）
青萝卜洋葱炒饭（P167）

做法

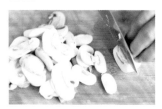

1　口蘑提前用淡盐水浸泡30分钟，然后洗净切薄片待用。

2　猪里脊洗净切薄片，加鸡蛋清、淀粉、料酒、少许盐拌匀腌制待用。

3　姜、蒜去皮洗净切碎末；香葱去根须洗净切末。

4　红尖椒去蒂去子洗净，斜切小碎段待用。

5　炒锅内倒入适量油烧至七成热，加入姜末、蒜末、红椒碎段爆出香味。

6　然后倒入适量清水大火烧开，再放入腌制好的肉片并用筷子拨散。

7　待再次开锅后放入切好的口蘑片，大火煮3分钟左右。

8　最后加入蚝油、盐调味，撒上葱末即可关火出锅。

◢ 烹饪秘籍 ◣

口蘑个头小小不易洗净，可先用淡盐水浸泡，然后在流水下反复冲洗。

猪肝鸡蛋汤

 15分钟（不含浸泡时间）　　🔨 简单

主料

猪肝350克・鸡蛋2个

辅料

姜5克・蒜2瓣・葱2根・香菜2根
白胡椒粉1/3茶匙・盐2茶匙・植物油少许

省时搭配 ⏱

金针菇拌海带（P020）
尖辣椒炒鸡蛋（P051）

烹饪秘籍

买回来的猪肝一定要剥除上面那层薄膜，然后用流水反复冲洗，去除异味；而且猪肝一定要现切现做，这样口感才更佳。

做法

1 猪肝提前浸泡30分钟，然后捞出用流水冲洗干净，切片待用。

2 鸡蛋打入碗中，加入少许清水、盐，搅打均匀。

3 姜去皮洗净切细丝；蒜剥皮洗净切碎末。

4 葱、香菜去根须洗净，分别切1厘米左右长的段待用。

5 锅中倒入少许油烧热，加入姜丝、蒜末爆出香味，然后倒入适量清水烧开。

6 开锅后放入切好的猪肝，煮至猪肝变色。

7 再将打好的鸡蛋液慢慢倒入锅中，边倒边搅拌。

8 最后加入白胡椒粉、盐调味，撒上葱段、香菜段即可。

蚕豆鸡蛋汤

🕐 15分钟 　🥄 简单

主料

蚕豆300克·鸡蛋3个

辅料

姜5克·蒜2瓣·香葱2根·鸡精1/2茶匙
盐1茶匙·植物油适量

省时搭配 🕐

虾酱空心菜（P059）

双椒肉丝炒面（P178）

— 烹饪秘籍 —

做这道蚕豆鸡蛋汤时，最好将蚕豆的外皮
逐一剥去，并将蚕豆瓣一分为二，这样煮出
来的汤更鲜更香。

做法

1 蚕豆洗净，在清洗时
注意将上面的黄色芽瓣
去掉。

2 鸡蛋打入碗中，加少
许清水，反复搅打成均
匀的蛋液待用。

3 姜、蒜去皮洗净，切
姜末、蒜末；香葱洗净
切葱末。

4 炒锅内倒适量油，烧
至八成热，倒入蛋液，
小火慢煎。

5 待蛋液完全凝固后，
用锅铲将其划散成小块
蛋花，盛出待用。

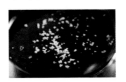

6 锅内再次倒入少许
油，烧至七成热，爆香
姜末、蒜末。

7 然后倒入适量清水烧
开，开锅后放入蚕豆，
大火煮至蚕豆熟透。

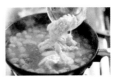

8 最后再放入蛋花，并
加入鸡精、盐调味，撒
入葱末即可。

丝瓜鸡蛋汤

🕐 10分钟　✎ 简单

主料

丝瓜300克·鸡蛋2个

辅料

蒜2瓣·香葱2根·蚝油1茶匙

盐适量·植物油适量

省时搭配 🕐

空心菜梗炒肉末（P062）

炝藕片（P077）

做法

1 丝瓜去皮洗净，切滚刀块待用。

2 鸡蛋打入碗中，加少许清水、盐搅打均匀。

3 蒜剥皮洗净切碎末；香葱去根须洗净切小段。

4 炒锅倒油烧至六成热，下蒜末爆香。

5 下打好的蛋液，中小火烧至蛋液凝固，划成小块。

6 加入适量清水，大火烧开。

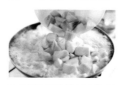

7 开锅后下切好的丝瓜，大火煮两三分钟。

8 最后加入蚝油、盐调味，撒上香葱段即可。

紫菜蛋花汤

 10分钟　　 简单

主料

干紫菜15克

辅料

鸡蛋1个・香葱10克・盐1/2茶匙

鸡精2克・香油少许

省时搭配 ⏱

凉拌菠菜（P027）

炒方便面（P182）

做法

1　鸡蛋在碗中打散备用，香葱切掉根须后洗净并切末。

2　锅中加入清水煮沸，将紫菜掰开，下入锅中，紫菜会迅速变软涨发。

烹饪秘籍

这道汤还可以放入一些虾皮增香提味。

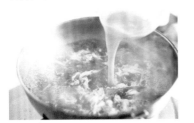

3　用装着蛋液的碗在汤锅上方，一边画圈一边慢慢淋下蛋液，然后关火。

4　最后调入盐、鸡精，淋上少许香油，依个人口味撒入葱末即可。

午餐肉包菜鸡蛋汤

🕐 10分钟　　🥄 简单

主料

午餐肉200克 · 圆白菜100克 · 鸡蛋2个

辅料

胡椒粉1/2茶匙 · 鸡精1/2茶匙 · 盐1茶匙
植物油适量

省时搭配 🕐

老干妈炒藕丁（P078）
地三鲜（P076）

做法

1 午餐肉取出，切2毫米左右的薄片待用。

2 圆白菜洗净，将菜叶部分撕小片，不要菜梗部分。

3 鸡蛋打入碗中，加少许清水、盐打散成蛋液。

4 锅中倒入适量油烧至七成热，倒入打好的蛋液。

5 待蛋液凝固成膨松蛋花状后，用铲子划成小块。

6 然后加入适量开水，烧至再次开锅后，下午餐肉煮约1分钟。

7 再放入圆白菜叶，大火煮2分钟左右。

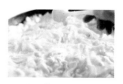

8 最后加胡椒粉、鸡精、盐调味即可。

酸辣汤

🕐 15分钟（不含泡发时间） 🍴 简单

主料

猪里脊肉100克 · 笋片50克 · 嫩豆腐50克
干木耳5克 · 干香菇3朵 · 鸡蛋1个

辅料

香菜15克 · 鸡汁1汤匙 · 料酒2茶匙
酱油2汤匙 · 米醋3汤匙 · 白胡椒粉1/2茶匙
水淀粉适量 · 香油少许 · 盐1/2茶匙
植物油2汤匙

省时搭配 🕐

可口凉拌豆芽（P022）
果汁里脊（P069）

做法

1 木耳、干香菇分别用温水泡发洗净，切丝；猪肉、笋片分别洗净切丝；香菜洗净切碎备用。

2 锅中放油烧至四成热，下入猪肉丝滑散，用料酒烹香后盛出。

3 另起一锅，倒清水煮沸，放入鸡汁、豆腐、香菇、木耳、笋丝、肉丝，煮沸后改小火。

4 加入酱油、料酒、盐、白胡椒粉调味，然后用水淀粉勾芡。

5 在汤微沸状态时，将鸡蛋打散成蛋液，然后用装着蛋液的碗在汤锅上方，一边画圈一边慢慢淋下蛋液。

6 最后加入醋拌匀，淋入香油，依个人口味撒入香菜碎即可。

烹饪秘籍

注意淋蛋液的时候，汤要一直保持微沸，这样才能做出漂亮的蛋花；此外水淀粉的用量以汤汁略变浓厚就可以，不必做成羹一样的稠度。

黄瓜煎蛋汤

 10分钟　　🍳 简单

主料

黄瓜1根 · 鸡蛋4个

辅料

姜5克 · 蒜2瓣 · 香葱2根

鸡精1/2茶匙 · 盐1茶匙 · 植物油适量

省时搭配 ⏱

肉炒萝卜干（P082）

炝炒红菜薹（P058）

做法

1 黄瓜洗净，切掉头尾，然后斜切薄片待用。

2 鸡蛋打入碗中，加入少许清水反复搅打成均匀蛋液待用。

3 姜、蒜去皮洗净，切姜末、蒜末；香葱洗净，切葱末。

4 炒锅内倒入适量油，烧至八成热，倒入蛋液，小火煎至凝固。

5 待蛋液全部凝固后，将其划散成小块，盛出待用。

6 锅内再倒入少许油，烧至七成热，爆香姜末、蒜末。

7 然后倒入适量清水烧开，放入黄瓜片煮至再次开锅。

8 放入蛋花块，拌匀后加盐、鸡精调味，撒入葱末即可。

油条丝瓜汤

⏰ 15分钟　🍳 简单

主料

油条1根・丝瓜2根

辅料

植物油3克・鸡精1克・盐适量

省时搭配 🕐

皮蛋豆腐（P032）

爽口莴笋丝（P063）

做法

1 将丝瓜洗净后去皮，再次冲洗后切成滚刀块。

2 用手把油条撕成段，放在一旁备用。

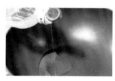

3 取一个炒锅，把锅烧热，倒入少许植物油，烧至七成热。

4 把丝瓜放入锅中，不断翻炒约1分钟至断生。

5 向锅中加入适量水，开大火煮沸，直到丝瓜软烂。

6 转小火，把油条放入锅内，然后放入鸡精和盐调味即可关火出锅。

烹饪秘籍

油条本来就是熟的，而且长时间浸泡容易碎，所以要最后放，以免煮太久影响口感。

黄瓜肉片汤

⏰ 15分钟　🥄 简单

主料

猪里脊200克 · 黄瓜1根

辅料

姜2片 · 蒜2瓣 · 料酒2茶匙 · 生抽2茶匙
鸡精1/2茶匙 · 白胡椒粉1/3茶匙 · 淀粉适量
盐适量 · 植物油适量

省时搭配 ⏱

椒盐平菇（P064）
油菜素炒面（P180）

烹饪秘籍

做黄瓜肉片汤时，黄瓜皮一定
要去掉，如果为了省事而忽略
了这一步，口感上可就相差甚
远了。

做法

1 猪里脊洗净，切5毫米左右薄片，入清水中浸泡片刻。

2 黄瓜去皮洗净，斜切小滚刀块；姜、蒜去皮洗净，切姜末、蒜末。

3 浸泡后的肉片捞出沥干多余水分，加淀粉抓匀。

4 锅中入适量水烧开，倒入料酒，下肉片汆烫1分钟捞出。

5 炒锅倒油烧至六成热，下姜末、蒜末爆香后加入适量水烧开。

6 开锅后放入汆烫过的肉片，调入生抽，煮至再次开锅。

7 然后放入切好的黄瓜块，煮两三分钟。

8 最后加入白胡椒粉、鸡精、盐调味即可。

裙带菜海鲜豆腐汤

🕐 15分钟（不含泡发时间）　🔪 简单

主料

嫩豆腐200・鲜虾仁100克・干裙带菜100克

辅料

姜5克・蒜1瓣・香葱2根・蚝油1汤匙
生抽2茶匙・盐2茶匙・植物油少许

省时搭配 🕐

辣白菜肉丁炒饭（P168）
香菜拌萝卜丝（P024）

■ 烹饪秘籍 ■

干裙带菜泡开后剪成段，吃的时候会比较方便；裙带菜和虾仁都不宜煮太久，所以要最后放，煮开锅就好了。

做法

1 嫩豆腐在流水下小心洗净，切小方块待用。

2 鲜虾仁用清水浸泡清洗干净，捞出沥干多余水分待用。

3 干裙带菜用清水泡开洗净，剪成长短适中的段。

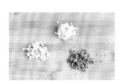

4 姜洗净切碎末；蒜去皮洗净切碎末；香葱去根须洗净切葱末。

5 锅中倒少许油烧热，加入姜末、蒜末爆出香味。

6 然后倒适量清水烧开，下入切好的豆腐块，煮约6分钟。

7 再放入虾仁和裙带菜，煮至再次开锅。

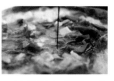

8 最后加入蚝油、生抽、盐调味，撒上葱末即可。

胡椒牛肉芹菜汤

🕐 15分钟　🔨 简单

主料

鲜牛肉100克 · 香芹1棵

辅料

生菜2片 · 现磨黑胡椒适量

盐适量 · 沙茶酱1汤匙 · 炸蒜蓉少许

省时搭配 🕐

鸡汁蒸平菇（P097）

鸡毛菜炒面（P177）

做法

1　牛肉洗净，用厨房纸巾擦干水分。

2　逆着牛肉的纹路，切成薄薄的牛肉片。

3　香芹洗净，切碎。

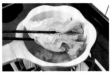

4　汤锅加适量水，大火煮沸至冒泡时，下入牛肉片和生菜叶，烫煮约10秒。

5　牛肉一变色即可关火，撇去锅中浮沫后，撒上一把香芹碎。

6　将汤盛入大碗，撒入盐和现磨黑胡椒调味。另取一个小碟，加入沙茶酱和炸蒜蓉作为蘸料。

烹饪秘籍

先吃肉再喝汤，牛肉蘸着沙茶酱和炸蒜蓉，就像在吃潮汕牛肉火锅，味道一模一样。若担心吃不饱，那就多放些牛肉在里面吧，不仅几乎"零碳水"，还能补充足量的蛋白质。

131

蛤蜊冬瓜汤

⏱ 15分钟（不含浸泡时间） 🍳 简单

主料

蛤蜊200克·冬瓜300克

辅料

姜5克·香葱10克·料酒1茶匙·盐2茶匙
植物油少许

省时搭配 🕐

虾仁蒸蛋（P102）
西蓝花肉丁炒饭（P174）

做法

1 蛤蜊放入清水中待其吐尽泥沙，然后捞出洗净待用。

2 冬瓜去皮去瓤后清洗干净，切薄片待用。

3 姜去皮洗净切细丝；香葱洗净切葱末待用。

4 锅中倒少许油烧热，加入姜丝、葱末爆至出香味。

5 然后加入适量清水，大火烧至开锅。

6 开锅后放入切好的冬瓜片，大火煮约5分钟。

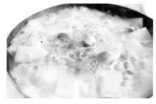

7 再放入蛤蜊，继续大火煮至蛤蜊开口。

8 最后加入料酒、盐调味即可关火出锅。

烹饪秘籍

蛤蜊一定要早早放入清水中让其吐尽泥沙；清洗时可以用小刷子刷洗外壳，更易洗净。

蔬菜虾汤

🕐 15分钟　🍴 简单

主料

生菜300克 · 鲜虾8只

辅料

冬瓜100克 · 姜2片 · 蒜2瓣 · 香葱2根 · 生抽2茶匙
鸡精1/2茶匙 · 盐适量 · 植物油少许

省时搭配 🕐

菇香腐皮（P067）
什锦炒窝头（P190）

做法

1 鲜虾背部开小口，挑去虾线洗净待用。

2 生菜择洗干净；冬瓜去皮去瓤切薄片待用。

3 姜、蒜去皮洗净切姜末、蒜末；香葱洗净切葱末。

4 热锅倒少许油烧热，下姜末、蒜末爆香。

5 然后下冬瓜片翻炒片刻，再加入适量清水，大火烧开。

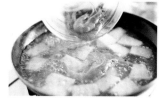

6 开锅后继续煮至冬瓜片透明，然后放入虾。

烹饪秘籍

其实这道汤里的蔬菜并不局限于生菜和冬瓜，只要是你喜欢的，都可以放进去哦！

7 再放入生菜煮至断生。

8 最后加入生抽、鸡精、盐调味，撒上葱末即可。

鸡毛菜芙蓉汤

 10分钟　🔨 简单

主料

鸡毛菜200克·鸡蛋1个

辅料

盐1茶匙·白胡椒粉少许·植物油少许

（省时搭配 ⏱）

咸蛋南瓜炒河粉（P188）

鸡汁蒸平菇（P097）

做法

1 鸡毛菜择干净，洗好备用。

2 鸡蛋在碗中打散，将蛋黄与蛋清充分搅打均匀。

3 炒锅烧热，倒入少许油，倒入蛋液快速划散，定形后即可盛出。

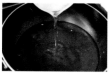

4 不用洗锅，保留锅中的底油，倒入清水煮沸。

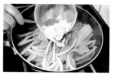

5 水沸腾时，下入鸡毛菜与炒好的鸡蛋。煮至鸡毛菜变色即可关火。

6 根据个人口味，调入盐和白胡椒粉即可。

烹饪秘籍

鸡毛菜是市场上生长周期最短的绿叶菜，因为它很嫩所以最容易失水萎缩。在挑选鸡毛菜时，要选切口有水珠的，这种新鲜度最高。

虾皮冬瓜汤

🕐 15分钟（不含浸泡时间）　🍴 简单

主料

干晒虾皮20克・冬瓜500克

辅料

葱末10克・鸡粉1/2茶匙・盐少许
水淀粉适量・植物油2汤匙

省时搭配 🕐

麻辣肉片（P089）
蒜蓉小白菜（P060）

烹饪秘籍

可以不收汁，加水那部分
多加些就是虾皮冬瓜汤，
喜欢的话还可再加点粉丝。
如果想让冬瓜快速软烂，
将冬瓜切成薄一点的片进
行烹饪也是可以的。

做法

1　买来的冬瓜都是一节
一节的，将其略冲洗一
下，用刀或者刮皮器给
冬瓜去皮。

2　去掉冬瓜瓤心的子，
瓜肉和子连接的那些筋
脉也都尽量去掉。

3　将处理好的冬瓜先切
成数段，然后切厚片备
用。片的厚度大概在8
毫米就可以。

4　虾皮泡水后，沥干水
分盛出备用。如果虾皮
的味道不那么咸，也可
以省略这一步。

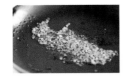

5　锅中放油烧至五成
热，即手掌放在上方能
感觉到明显热度的时
候，将葱末放入爆香。

6　用小火下虾皮翻炒，
炒出虾皮的香味。注意
火力的控制，虾皮稍一
过火就会炒煳。

7　加水煮开，这时的水
中已经有了虾皮的咸香
味道，然后放冬瓜，小
火煲煮至冬瓜软熟。

8　加盐、鸡粉，再加
水淀粉勾芡，收浓汤汁
即可。

虾仁萝卜丝汤

🕐 15分钟（不含虾仁化冻的时间）　🍳 简单

主料

虾仁150克 · 白萝卜250克

辅料

姜10克 · 蒜3瓣 · 香葱2根 · 料酒2茶匙
鸡精1/2茶匙 · 盐适量 · 植物油适量

省时搭配 🕐

鸡毛菜炒面（P177）
酸辣金针菇（P019）

烹饪秘籍

虾仁炒一下会更香；萝卜丝一定要开锅后再下，且煮的时间不宜太久，这样才能更好地保留萝卜丝的营养和鲜美。

做法

1 虾仁提前从冰箱拿出化冻，然后洗净沥干多余水分待用。

2 白萝卜去皮洗净，先切薄片，然后切细丝待用。

3 姜、蒜去皮洗净切姜末、蒜末；香葱洗净切葱末。

4 锅中倒油烧至六成热，下姜末、蒜末爆香。

5 然后下入虾仁，快速翻炒至虾仁变色。

6 再调入料酒，加适量清水大火煮至开锅。

7 倒入萝卜丝，继续大火煮开，然后转中小火煮5分钟左右。

8 最后加鸡精、盐调味，撒入葱末即可。

竹笋雪菜汤

⏰ 10分钟（不含浸泡时间） 🍳 简单

主料

竹笋200克 · 雪菜80克

辅料

姜2片 · 蒜2瓣 · 葱末5克 · 生抽2茶匙
蚝油1汤匙 · 鸡精1/2茶匙 · 盐适量 · 植物油适量

省时搭配 ⏱

拌卤肉（P030）
荠菜干丝（P070）

—— 烹饪秘籍 ——

竹笋多多少少都会有涩味，切片后放入淡盐水中浸泡，可以很好地去除涩味。

做法

1 竹笋剥壳洗净，切薄片，放入淡盐水中浸泡片刻。

2 雪菜洗净，择去老根，切小碎段待用。

3 姜去皮、洗净切细丝；蒜剥皮、洗净拍扁切蒜末。

4 浸泡过后的笋片捞出，入开水锅中余烫至断生。

5 锅中倒适量油烧热，爆香姜丝、蒜末。

6 倒入适量清水，大火烧开；调入生抽、蚝油。

7 放入切好的雪菜和余烫后的笋片，大火煮约3分钟。

8 最后加鸡精、盐调味，撒上葱末后即可关火出锅。

田园蔬菜汤

🕐 15分钟　🥄 简单

主料

番茄100克・土豆50克・圆白菜50克
鲜香菇30克・洋葱20克

辅料

植物油1茶匙・盐1/2茶匙・鸡粉1/2茶匙

省时搭配 🕐

泡椒沸腾牛柳（P088）
炝藕片（P077）

做法

1 番茄、土豆洗净，去皮后切小块。

2 圆白菜冲洗干净，撕成小片；鲜香菇、洋葱洗净后切小丁。

3 锅烧热，放油，烧至五成热后，下洋葱、鲜香菇、番茄，中小火翻炒。

4 炒至番茄出汁后，加入土豆、圆白菜翻炒。

5 倒入两碗水（400毫升左右），大火煮3分钟。

6 煮至土豆软熟后，加盐、鸡粉即可起锅。

烹饪秘籍

1 番茄一定要慢炒出汤汁。
2 土豆如切得比较大块，需要事先煮熟。

菌菇豆腐汤

 15分钟　　🥄 简单

主料

嫩豆腐1盒（约200克）·白玉菇50克
蟹味菇50克·鸡蛋1个（约50克）·午餐肉30克

辅料

小葱1根·植物油1汤匙·盐1/2茶匙
鸡粉1/2茶匙

省时搭配 🕐

菠菜炒鸡蛋（P052）
酱油虾（P094）

做法

1 豆腐取出，用刀划成均匀的块状；菇类洗净后切段；小葱洗净，切葱末。

2 午餐肉切成均匀的小方块；鸡蛋磕入碗中，搅打均匀。

3 锅烧热，放油，烧至五成热后，放入菇类翻炒1分钟。

4 倒入1升左右的水，大火烧开后，下豆腐、午餐肉。

5 汤煮沸后，淋入蛋液，用铲子轻推一下。

6 汤再次沸腾后，下盐、鸡粉，撒葱末即可出锅。

─── 烹饪秘籍 ───

1 菇类可以换成其他喜欢的种类，但必须是新鲜的菌菇。
2 用高汤代替水，汤会更鲜美。

豆腐鱼片汤

🕐 15分钟（不含腌制时间）　🍴 简单

主料

黑鱼350克·嫩豆腐300克

辅料

姜5克·小葱2根·料酒1汤匙·鸡精1茶匙
盐1茶匙

省时搭配 🕐

豆芽炒腐皮（P066）
鸡汁蒸平菇（P097）

做法

1　黑鱼仔细清洗干净，用刀斜着片成薄薄的鱼片待用。片好的鱼片装入碗中，倒入料酒反复多次抓匀，腌制片刻待用。

2　姜去皮洗净，切姜片；小葱择洗干净，切葱末待用。嫩豆腐在清水下冲洗干净，然后切约2厘米见方的块待用。

3　砂锅内倒入适量清水烧开，然后放入鱼片。这样能够让鱼片又鲜又嫩。

4　将刚才切好的姜片放入锅中，给鱼片去腥。

5　大火煮至鱼片开锅后，用勺子撇去浮沫。

6　接着放入切好的豆腐块，继续大火煮约5分钟。

7　最后加入鸡精、盐调味。

8　撒入葱末提香即可。

营养贴士

黑鱼是很好的滋补鱼类，肉质鲜嫩可口，含有蛋白质、不饱和脂肪酸等多种人体所需营养物质，非常适合体虚之人进食；另外，豆腐富含蛋白质，有着"植物肉"的美称，且消化吸收率极高。这是一碗营养价值颇高的汤品。

— 烹饪秘籍 —

鱼片入锅时，最好快速将鱼片一片一片地放入锅中，这样可以使得鱼片不粘在一起，熟得更加均匀，保证鱼片口感一致。

娃娃菜三丝豆腐汤

🕐 15分钟　🍳 简单

主料

娃娃菜1棵・鲜香菇3朵・胡萝卜1/2根
豆腐350克

辅料

姜5克・蒜2瓣・香葱2根・白胡椒粉1/2茶匙
鸡精1/2茶匙・盐1茶匙・植物油适量

省时搭配 ⏱

芹菜牛肉丝（P074）
尖辣椒炒鸡蛋（P051）

做法

1 娃娃菜洗净，对半切开，然后切细丝待用。

2 鲜香菇洗净，切细丝；胡萝卜去皮洗净，切细丝。

3 豆腐在流水下冲洗干净，然后切食指粗细、长短相仿的长条。

4 姜、蒜去皮洗净，切姜末、蒜末；香葱洗净，切葱末。

5 炒锅内倒入适量油，烧至七成热，爆香姜末、蒜末。

6 接着放入切好的娃娃菜丝、香菇丝、胡萝卜丝，快炒片刻。

烹饪秘籍

清洗香菇前，可提前将香菇放入淡盐水中浸泡片刻，再用清水洗净，能够起到很好的杀菌作用。

7 然后倒入适量清水，大火煮至开锅后放入豆腐条，继续煮5分钟。

8 最后加入白胡椒粉、鸡精、盐调味，撒入葱末即可。

雪菜豆腐汤

🕐 15分钟　　🍴 简单

主料

嫩豆腐350克

辅料

雪菜100克・姜2片・蒜2瓣・香葱5克
鸡精1茶匙・生抽2茶匙・醋2茶匙・盐适量
植物油少许

省时搭配 🕐

香菇蒸鱼滑（P108）
豇豆肉丁炒饭（P170）

烹饪秘籍

煮豆腐的时间视豆腐块大小而定，一般情况下煮至豆腐块全漂浮起来就差不多了。

做法

1 嫩豆腐洗净，切2厘米见方的块待用。

2 姜、蒜去皮洗净，切姜末、蒜末；香葱洗净，切葱末。

3 雪菜用流水洗净，沥干多余水分，切小段待用。

4 炒锅倒油，烧至六成热，下姜末、蒜末爆香。

5 下入切好的雪菜翻炒2分钟左右。

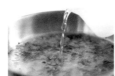

6 加入适量清水，大火烧开。

7 开锅后下豆腐块，大火煮约6分钟。

8 最后加生抽、醋、鸡精、盐调味，撒上葱末即可。

香菇豆腐汤

🕐 15分钟　🔨 简单

主料

鲜香菇3朵 · 嫩豆腐300克

辅料

胡萝卜40克 · 姜末5克 · 蒜末5克 · 葱末5克
白胡椒粉1/2茶匙 · 鸡精1/2茶匙 · 盐1茶匙
植物油少许

省时搭配 🕐

辣酱爆蛏子（P091）
爽口莴笋丝（P063）

做法

1 将嫩豆腐小心地从盒里取出，然后切成2厘米见方的块待用。

2 鲜香菇洗净，尤其是伞盖下面的褶皱处，然后切薄片；胡萝卜去皮洗净，切细丝。

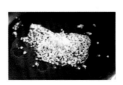

3 炒锅内倒入少许油，烧至七成热，放入姜末、蒜末翻炒出香味。

4 然后放入切好的香菇片、胡萝卜丝翻炒片刻，接着倒入适量清水，大火烧开。

5 开锅后放入切好的豆腐块，大火再次煮沸后，继续煮约3分钟。

6 最后加入白胡椒粉、鸡精、盐调味，撒入葱末即可。

—— 烹饪秘籍 ——

嫩豆腐在烹饪之前可先用淡盐水浸泡，不仅能去掉豆腥味，还能使其在煮制的过程中不易碎掉。

米酒蛤蜊汤

🕐 10分钟（不含浸泡时间） 🥄 简单

主料

蛤蜊300克

辅料

米酒150克 · 白糖1汤匙 · 盐适量

省时搭配 🕐

桂花蒸山药（P099）

白灼菜心（P057）

烹饪秘籍

蛤蜊一定要提前浸泡至吐尽泥沙，不然会影响口感；在水中加入盐或者几滴香油，蛤蜊吐沙会更干净。

做法

1 水中加入适量盐搅拌均匀，放入蛤蜊浸泡至吐尽泥沙。

2 浸泡后的蛤蜊捞出，用清水清洗干净。

3 锅中倒适量水，大火烧开。

4 然后放入蛤蜊，大火氽烫至蛤蜊开壳后捞出。

5 锅中再次倒适量水烧开，下米酒入锅中。

6 大火煮至再次开锅后，加入白糖搅拌均匀。

7 再下氽烫好的蛤蜊入锅中，煮2分钟左右。

8 最后根据个人口味加入适量盐调味即可。

鸡丝银鱼汤

⏰ 15分钟（不含浸泡和腌制时间）

🔍 中等

主料
鸡胸肉200克 · 干银鱼50克

辅料
姜2片 · 香葱2根 · 酱油2茶匙 · 料酒2茶匙
鸡蛋清1个 · 淀粉少许 · 白胡椒粉1/2茶匙
高汤适量 · 盐适量 · 植物油适量

省时搭配 ⏱
油菜素炒面（P180）
醋椒豆芽（P065）

--- 烹饪秘籍 ---

干银鱼一定要泡透泡软，不然会干硬，影响口感；不喜欢干银鱼的也可以选择新鲜的银鱼，但一定要仔细清洗干净哦！

做法

1 干银鱼提前用温水浸泡至发软，捞出冲洗干净待用。

2 鸡胸肉清洗干净，切细丝待用。

3 切好的鸡丝加蛋清、1茶匙料酒、淀粉、酱油和少许盐腌制片刻。

4 姜片去皮洗净，切姜末；香葱去根须洗净，切葱末。

5 锅内倒适量水烧开，下银鱼焯水后捞出，沥干多余水分待用。

6 再次烧开适量清水，下腌制好的鸡丝，余烫至鸡丝发白后捞出。

7 汤煲内加入少许油烧热，爆香姜末；下银鱼和鸡丝翻炒数下。

8 最后加入高汤，调入剩下的料酒，大火煮开；再加白胡椒粉、盐调味，撒上葱末即可。

鸭血粉丝汤

⏱ 15分钟　　🔨 中等

主料

鸭血200克 · 绿豆粉丝1份 · 鸭肝50克
鸭肠50克 · 油豆腐5个

辅料

香菜2根 · 香葱2根 · 蒜2瓣 · 辣椒油2茶匙
醋2茶匙 · 老鸭汤适量 · 盐适量

省时搭配 ⏱

菇香腐皮（P067）
蘑菇蒸菜心（P098）

做法

1 粉丝用冷水浸泡五六分钟，捞出冲洗干净备用。

2 鸭血洗净切小块；鸭肝洗净切片；鸭肠洗净切小段；油豆腐洗净对半切块。

3 香菜、香葱洗净切小段；蒜剥皮洗净切蒜末。

4 锅中倒入适量老鸭汤，中火煮开。

5 开锅后下鸭血，大火煮至开锅后先放入粉丝。

6 再放入鸭肝、鸭肠、油豆腐，继续煮开锅。

烹饪秘籍

为了节省烹煮时间，这次用的是事先炖煮好的老鸭汤；熬制鸭汤选用鸭架，加葱结、姜，大火煮开后，小火慢炖即可。

7 开锅后加入盐调味，再盛入碗中，加入蒜末、辣椒油和醋。

8 最后撒上香菜段和葱段即可。

营养贴士

鸭血中蛋白质含量较高，还有其他食物较少提供的多种微量元素和氨基酸，是补血养颜上品。而且鸭血还有解毒功效，常食用能很好地清除体内热毒。

香菇贡丸汤

🕐 15分钟　🔧 简单

主料

香菇3朵 · 贡丸100克

辅料

姜片3克 · 香菜3根 · 黑胡椒粉1/3茶匙
鸡精1/2茶匙 · 盐适量 · 植物油少许

（省时搭配 🕐）

炒方便面（P182）
金针菇拌海带（P020）

烹饪秘籍

做贡丸汤时，大火煮至贡丸全浮起来，贡丸就煮好了，后续下香菇再煮3分钟左右就可以出锅了；煮太久贡丸和香菇的口感都会不好。

做法

1　香菇洗净切薄片备用。

2　香菜去根洗净切碎段。

3　姜片去皮洗净剁姜末备用。

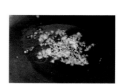

4　锅中倒少许油，烧至六成热，下姜末爆香。

5　锅中加适量清水，大火烧开。

6　开锅后下贡丸，大火煮至贡丸全漂浮起来。

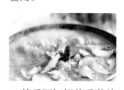

7　然后下切好的香菇片入锅中，继续大火煮3分钟。

8　最后加入盐、鸡精、黑胡椒粉调味，撒上香菜段即可。

番茄鱼丸汤

🕐 15分钟　🔨 简单

主料

鱼丸400克·番茄1个

辅料

蒜3瓣·香葱2根·番茄酱2汤匙
鸡精1/2茶匙·盐1茶匙·植物油适量

省时搭配 🕐

鸡毛菜炒面（P177）
白灼菜心（P057）

─── 烹饪秘籍 ───

番茄在切片之前，要注意先
剥掉表皮，这样炒出来的番
茄口感更佳；加入番茄酱是
为了使汤的口味更加酸甜。

做法

1 番茄去蒂、洗净，先
对半切开，然后切薄片
待用。

2 蒜去皮洗净，切蒜
末；香葱洗净切葱末。

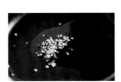

3 炒锅内倒入适量油，
烧至七成热，爆香蒜末。

4 接着放入切好的番
茄片，大火快炒至番茄
出汁。

5 然后倒入适量清水，
并加入番茄酱搅拌均
匀，大火煮至开锅。

6 开锅后，将鱼丸放
入锅内，大火煮至鱼丸
浮起。

7 待鱼丸全部浮起后，
加入鸡精、盐搅拌均匀
调味。

8 最后在出锅前撒入切
好的葱末即可。

生菜牛丸汤

🕐 8分钟　🍴 简单

主料

牛肉丸400克 · 生菜1棵

辅料

姜5克 · 蒜2瓣 · 香葱2根 · 蚝油2茶匙
盐2茶匙 · 植物油适量

省时搭配 🕐

豆豉蒸鱼（P107）
开胃木耳（P018）

● 烹饪秘籍

直接在超市或者熟食店买现
成的牛肉丸即可，如果有好
手艺，自己在家做那是更好
不过。

做法

1 牛肉丸过水洗净，沥
去多余水分待用。

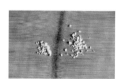

2 姜、蒜去皮洗净，切
姜末、蒜末待用。

3 香葱洗净，切葱末；
生菜择洗干净待用。

4 炒锅内倒适量油，烧
至七成热，爆香姜末、
蒜末。

5 然后倒入适量清水，
大火烧至开锅。

6 接着放入洗净的牛肉
丸，大火煮至牛肉丸全
部浮起。

7 再放入择洗干净的生
菜叶，煮约1分钟。

8 最后加入蚝油、盐调
味，撒入葱末即可。

6

Chapter

饭菜同出

一锅烹饪，懒人必备

菠萝炒饭

🕐 15分钟（不含浸泡和腌制时间）　🍴 简单

主料

米饭300克・菠萝100克・虾仁100克・青椒100克
胡萝卜60克・洋葱50克・鸡蛋3个

辅料

料酒1茶匙・鸡精1/2茶匙・盐1茶匙
植物油4汤匙

省时搭配 🕐

蒜蓉凉拌绿苋菜（P025）

烹饪秘籍

如果买的是新鲜菠萝，需要切好后先放在淡盐水中浸泡一下，这样可以抑制菠萝蛋白酶对口腔的刺激，同时让菠萝吃起来更甜美。

做法

1 菠萝取肉切丁，放在淡盐水中浸泡片刻，然后沥干水分。

2 虾仁洗净，加入料酒、盐、一个鸡蛋的蛋清抓匀，腌制片刻。

3 剩余鸡蛋打散，盛入米饭拌匀，使所有米粒都裹匀蛋液。

4 青椒、胡萝卜洗净、切丁；洋葱洗净、切丁。

5 锅中放油烧至五成热，下入虾仁滑散至变色后盛出。

6 锅中再放油烧至六成热，下入米饭不断翻炒成金黄色。

7 先下入洋葱、青椒、胡萝卜炒匀，再下入虾仁炒匀。

8 最后调入鸡精、盐、菠萝丁炒匀即可。

茼蒿肉末炒饭

⏰ 15分钟　　🍳 简单

主料

茼蒿100克·猪五花肉80克·米饭300克

辅料

植物油1汤匙·盐2克·生抽1茶匙·香葱1根

（省时搭配 ⏱）

快手田园小炒（P056）

老干妈炒藕丁（P078）

做法

1 茼蒿洗净，切掉底部的老根，将梗和叶子分开切碎；猪五花肉洗净，控干水分后切肉末；香葱洗净后切葱末。

2 炒锅中放油，烧至七成热后放入葱末，煸炒至出香味。

3 放入肉末，煸炒至颜色发白。

4 放入打散的米饭，煸炒至米粒颗粒分明。

5 放入茼蒿梗丁煸炒片刻，加入生抽调味。

6 放入茼蒿叶煸炒片刻，加入盐调味并翻炒均匀即可。

— 烹饪秘籍 —

茼蒿的梗比叶子需要炒制更长时间，所以最好将二者分开切丁，先炒茼蒿梗，再炒茼蒿叶子，也可以提前将茼蒿梗过沸水焯熟，这样就可以与茼蒿叶一起下锅煸炒了。

腊肠炒饭

🕐 13分钟 　🍳 简单

主料
米饭300克・腊肠100克・鸡蛋1个
油菜100克・洋葱50克

辅料
胡椒粉1/2茶匙・鸡精1/2茶匙・盐1/2茶匙
植物油2茶匙

（省时搭配 🕐）
凉拌菜花（P026）
紫菜蛋花汤（P123）

做法

1 油菜尽量选择根部粗壮的大棵油菜，用清水洗净、切丁；腊肠切丁；洋葱洗净、切丁。

2 鸡蛋打散备用。在打散之前可以先晃动鸡蛋，磕开之后，残留在壳上的部分会更少。

3 锅中放油烧至七成热，下入鸡蛋液，滑散成鸡蛋碎，盛出待用。

4 锅中留底油，下入洋葱爆香，下入腊肠丁，用铲子不断翻炒，直至腊肠中的油渗出。

5 下入油菜丁翻炒均匀。

6 下入米饭反复翻炒，至米饭炒松。

7 随后调入胡椒粉炒匀。

8 最后加入炒好的蛋碎，调入鸡精、盐，炒匀即可。

咖喱炒饭

 10分钟　🍴 简单

主料
米饭300克 · 牛肉肠100克 · 洋葱50克
西芹50克 · 咖喱粉4茶匙

辅料
鸡精1/2茶匙 · 植物油3茶匙

省时搭配 🕐
萝卜沙拉（P042）
虾仁蒸蛋（P102）

── 烹饪秘籍 ──
这道菜最好用咖喱粉
而非咖喱块，这是由于
咖喱块的味道太过于复
合，容易有其他的味道
来干扰。

做法

1 牛肉肠先切成片，然
后再改刀切成丁。

2 洋葱去掉外皮和根部，
洗净后切丁；西芹去叶、
洗净后也切成丁。

3 锅中放油烧至七成
热，下入洋葱丁翻炒至
洋葱变软，香味析出。

4 下入西芹丁反复翻炒
均匀。

5 下入牛肉肠丁翻炒
均匀。

6 下入米饭，用铲子不
断翻炒，使米饭能够松
软均匀。

7 然后下入咖喱粉不断
翻炒。

8 待咖喱炒匀，香味析
出后，调入适量鸡精炒
匀即可。

牛肉炒饭

🕐 13分钟（不含腌制时间） 🍳 中等

主料
牛里脊100克·米饭200克

辅料
香菜2根·洋葱50克·姜丝5克·孜然15克
白糖1/2茶匙·料酒1茶匙·酱油1茶匙
盐1/2茶匙·芝麻少许·淀粉适量·植物油2汤匙

省时搭配 🕐
蒜泥豇豆（P033）
紫菜蛋花汤（P123）

烹饪秘籍

孜然要分为两次放，第一次腌肉的时候放是为了让牛肉更入味，第二次放则是为了给米饭增香！

做法

1 牛里脊肉放入清水中泡净血水，然后捞出，切成薄片。

2 加入孜然、芝麻、少许的白糖、料酒、酱油和姜丝腌20分钟，再放入少量的淀粉抓匀备用。

3 洋葱剥去外皮，洗净后切成丝，香菜去根，用清水反复冲洗干净后切段。

4 锅中倒油烧至六成热，放入洋葱丝翻炒直至出香味。

5 放入牛肉稍加翻炒，加入少许孜然炒香。

6 等牛肉变色后，放入米饭继续翻炒，并用铲子不断翻匀，这样才能使米饭受热均匀。

7 等米饭充分炒松之后，调入适量的盐。

8 最后放入香菜和芝麻翻炒均匀即可。

藕丁炒饭

⏰ 15分钟　🍴 简单

主料

莲藕丁80克·鸡蛋2个·米饭300克

辅料

植物油1汤匙·盐2克·生抽2茶匙·蚝油1茶匙
香葱1根（葱白切小段，葱叶切葱花）
红甜椒丁40克

省时搭配 ⏲

蒜蓉小白菜（P060）
菌菇豆腐汤（P141）

做法

1 炒锅烧热后，放入少许冷油，倒入打散的鸡蛋液，炒熟打散后盛出备用。

2 倒入剩余的油，烧至七成热时放入葱白段，煸炒至出香味。

3 放入藕丁和红甜椒丁煸炒片刻，加入生抽、蚝油和少许清水，煸炒至藕丁熟透且汤汁基本收干。

4 放入打散的米饭，煸炒至米粒颗粒分明，加入盐调味。

5 最后加入炒好的鸡蛋和葱花，炒匀即可出锅。

烹饪秘籍

1 莲藕要选择嫩一些的，这样口感比较好。切成丁之后用清水清洗几遍，去除多余的淀粉，能够让藕丁更加脆爽一些。

2 也可以提前备一锅清水，煮至沸腾后将藕丁放入焯熟，捞出后过凉开水，这样炒米饭的时候就可以直接放熟透的藕丁煸炒了。

虾酱炒饭

🕐 13分钟　🍳 简单

主料
圆白菜100克·鸡蛋2个·米饭300克

辅料
植物油1汤匙·虾酱10克·香葱1根

省时搭配 🕐
香菇蒸鱼滑（P108）
鸡毛菜芙蓉汤（P136）

做法

1 圆白菜洗净后控干水分，切成细丝；将鸡蛋磕入碗中，用筷子充分打散；香葱洗净后将葱白切成小段，将葱叶切成葱末。

2 将虾酱放入米饭中拌匀。

3 炒锅烧热后放入少许冷油，倒入鸡蛋液，炒熟打散后盛出备用。

4 倒入剩余的油，烧至七成热后放入葱段，煸炒至出香味后，放入圆白菜丝煸炒片刻。

5 放入打散的米饭，煸炒至米粒颗粒分明。

6 放入刚才炒好的鸡蛋，撒上葱末，炒匀后即可关火。

> **烹饪秘籍**
>
> 虾酱的味道比较咸，炒饭中就不需要再加盐了。要注意的是，不同品牌的虾酱含盐量也不相同，所以要根据自己所购买的虾酱的咸度调整用量。

榨菜豌豆炒饭

🕐 15分钟　🍴 简单

主料

榨菜40克·青豌豆40克·鸡蛋2个·米饭300克

辅料

植物油1汤匙·红甜椒40克·黑芝麻1克

（省时搭配 ⏱）

手撕鸡（P029）

黄瓜煎蛋汤（P126）

做法

1 青豌豆在清水中洗净，控干水分；红甜椒洗净后去掉内部的子，切成丁；将鸡蛋磕入碗中，用筷子充分打散。

2 锅中加入清水，煮至沸腾后将青豌豆放入，焯熟后过凉开水，捞出控干水分。

3 炒锅烧热后放入少许冷油，倒入鸡蛋液，炒熟打散后盛出备用。

4 倒入剩余的油，烧至七成热后放入榨菜、青豌豆和红甜椒，煸炒片刻。

5 放入打散的米饭和炒鸡蛋，翻炒均匀。

6 盛出后在炒饭表面撒上黑芝麻点缀即可。

烹饪秘籍

1 榨菜有多种口味，可以根据自己的喜好选择辣的或者不辣的。

2 如果买来的是榨菜丝，需要提前切成丁。

3 榨菜具有一定的盐分，所以要根据自己的口味调整榨菜的用量。

金枪鱼蛋炒饭

⏰ 15分钟　🔨 简单

主料

金枪鱼（罐装）100克·鸡蛋2个·米饭300克

辅料

植物油1汤匙·盐2克·胡萝卜50克·黄瓜50克

（省时搭配 ⏱）

清炒鸡毛菜（P071）

雪菜豆腐汤（P146）

做法

1　胡萝卜洗净，去皮后切成小丁备用；黄瓜洗净后切成小丁备用；将鸡蛋磕入碗中，用筷子充分打散；取出金枪鱼，控干水分备用。

2　炒锅烧热后放入少许冷油，倒入鸡蛋液，炒熟打散后盛出备用。

3　倒入剩余的油，烧至七成热后放入胡萝卜丁和黄瓜丁煸炒片刻。

4　放入打散的米饭，煸炒至米粒颗粒分明。

5　放入刚才炒好的鸡蛋，翻炒均匀。

6　放入金枪鱼压碎、炒匀，最后加入盐调味，炒匀即可。

烹饪秘籍

金枪鱼罐头含有一定的水分，取出之后最好先控一下水分再炒，防止米饭中水分过多。也可以提前放金枪鱼，多煸炒一会儿，待汤汁收干后再加入米饭煸炒。

三文鱼炒饭

⏰ 15分钟　🔨 简单

主料

三文鱼100克·鸡蛋2个·米饭300克

辅料

植物油1汤匙·盐2克·生抽2茶匙·香葱1根
青豌豆40克·甜玉米粒40克·鲜香菇2朵

省时搭配 ⏱

冰镇芥蓝（P021）

丝瓜鸡蛋汤（P122）

做法

1　三文鱼洗净后控干水分，切成小丁；青豌豆、甜玉米粒在清水中洗净，控干水分；鲜香菇洗净、去蒂，切成小丁；香葱洗净后将葱白切成小段，将葱叶切成葱末。

2　锅中加入清水，煮至沸腾后将青豌豆、甜玉米粒和香菇丁放入，焯熟后过凉开水，捞出控干水分。

3　将蛋黄分离出来，放入米饭中，充分拌匀。

— **烹饪秘籍** —

只用蛋黄，米饭的颜色会金黄诱人。但是如果觉得不用蛋清有点浪费，可以提前将鸡蛋打散，在油锅中炒熟后盛出，最后将炒好的鸡蛋再放到米饭里，与米饭炒匀即可。

4　炒锅中放油，烧至七成热后放入葱白段，煸炒至出香味，放入三文鱼煸炒至颜色发白，加入生抽调味后盛出。

5　放入裹了蛋黄液的米饭，煸炒至米粒颗粒分明。

6　放入其他所有食材炒匀，加入盐调味，最后放入葱末，炒匀即可出锅。

瑶柱黄金炒饭

⏰ 15分钟　🥄 简单

主料

瑶柱80克·火腿肠60克·圆白菜70克
鸡蛋2个·米饭300克

辅料

植物油1汤匙·盐2克·白胡椒粉1克·香葱1根

省时搭配 ⏱

爽口莴笋丝（P063）
香菜拌萝卜丝（P024）

做法

1 瑶柱洗净后控干水分，放入碗中；火腿肠切成丁；圆白菜洗净后控干水分，切成细丝；香葱洗净后将葱白切成小段，将葱叶切成葱末。

2 将蛋黄分离出来，放入米饭中，充分拌匀。

3 炒锅中放油，烧至七成热后放入葱白段和火腿肠，煸炒至出香味。

4 放入裹了蛋黄液的米饭，充分煸炒至米粒颗粒分明。

5 放入瑶柱和圆白菜煸炒片刻，加入盐和白胡椒粉炒匀。

6 放入葱末，翻炒均匀后即可关火。

烹饪秘籍

最好购买新鲜的瑶柱，这样做出来的味道会比较鲜美，而且口感细嫩。尽量不要购买冷冻的瑶柱，解冻后会因为水分流失太多而口感变差。

青萝卜洋葱炒饭

 13分钟　🍴 简单

主料

青萝卜70克·紫洋葱70克·鸡蛋2个
米饭300克

辅料

植物油1汤匙·盐2克·黑芝麻1克

省时搭配 ⏱

泰式绿咖喱煮虾仁（P114）

香菇豆腐汤（P147）

做法

1 青萝卜洗净后去皮，切成小丁；紫洋葱洗净后切成小丁；将鸡蛋磕入碗中，用筷子充分打散。

2 炒锅烧热后放入少许冷油，倒入鸡蛋液，炒熟打散后盛出备用。

3 倒入剩余的油，烧至七成热后放入紫洋葱丁和青萝卜丁，煸炒至熟透。

4 放入打散的米饭煸炒至颗粒分明。

5 放入炒好的鸡蛋炒匀，加入盐调味，关火。

6 将炒饭盛出后，在表面撒黑芝麻装饰即可。

烹饪秘籍

炒鸡蛋的时候最好使用不粘锅，如果家里没有不粘锅，可以先将普通的炒锅预热后倒入凉油，接着将打散的蛋液倒入，中火炒熟，采用热锅凉油的方式炒鸡蛋也不会粘锅的。

辣白菜肉丁炒饭

🕐 15分钟　🔨 简单

主料

辣白菜100克·猪五花肉80克·米饭300克

辅料

植物油1汤匙·青甜椒50克·黑芝麻1克

（省时搭配 🕐）

花生菠菜（P028）

裙带菜海鲜豆腐汤（P130）

做法

1 猪五花肉洗净，控干水分后切成小丁；青甜椒洗净后，去掉内部的子，切成小丁。

2 将辣白菜切成小块，带汤汁放入大碗中。

3 炒锅中放油，烧至七成热后放入五花肉丁，煸炒至变色。

4 放入辣白菜和青甜椒丁煸炒片刻。

5 放入打散的米饭煸炒片刻，加入少许辣白菜汤汁，翻炒均匀至汤汁收干且米粒颗粒分明。

6 将米饭盛出后，撒上黑芝麻即可。

— 烹饪秘籍 —

1 加一点辣白菜的汤汁到米饭里，能够让米饭的滋味更足。

2 要小火炒到汤汁收干，这样米粒才会颗粒分明，口感也会更好。

茄子肉末炒饭

🕐 15分钟 🍴 简单

主料

长茄子80克 · 猪五花肉80克 · 米饭300克

辅料

植物油1汤匙 · 盐1克 · 绵白糖2克 · 生抽2茶匙
豆瓣酱2茶匙 · 蒜末10克 · 香葱1根 · 青甜椒50克

省时搭配 🕐

虾仁蒸蛋（P102）

蒜蓉小白菜（P060）

做法

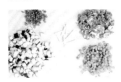

1 长茄子洗净，切成小丁；猪五花肉洗净，切成肉末；青甜椒洗净后去子，切成小丁；香葱洗净后将葱白切成小段，将葱叶切成葱末。

2 炒锅中放油，烧至七成热后放入葱白段和蒜末，煸炒至出香味。

3 放入肉末，煸炒至颜色发白，放入豆瓣酱、生抽和绵白糖翻炒均匀。

4 放入茄子丁，翻炒片刻后加一点清水，炒熟至汤汁基本收干。

5 放入青甜椒丁翻炒片刻。

6 放入打散的米饭煸炒片刻，加入盐调味，出锅前撒上葱末即可。

烹饪秘籍

1 想要茄子更加入味，可以将茄子丁切得小一些，或者提前用盐腌制一下。

2 生抽尽量不要放太多，一是容易让炒饭变咸，影响口感；二是容易让炒饭的颜色变深，影响品相。

豇豆肉丁炒饭

🕐 15分钟　🥄 简单

主料

豇豆80克·猪五花肉80克·米饭300克

辅料

植物油1汤匙·盐2克·干辣椒3个·蒜10克

（省时搭配 🕐）

金银蒜蒸娃娃菜（P096）

竹笋雪菜汤（P139）

做法

1 豇豆洗净后控干水分，切成小丁；猪五花肉洗净，控干水分后切成肉丁；蒜去皮，掰成蒜瓣后切成蒜末；干辣椒切成圈。

2 锅中加入清水，煮至沸腾后将豇豆丁放入，焯烫一两分钟至变色熟透后捞出，过凉开水，控干水分。

3 炒锅中放油，烧至七成热后放入蒜末和干辣椒圈，煸炒至出香味。

4 放入五花肉丁，煸炒至颜色发白。

5 放入豇豆丁煸炒片刻。

6 放入打散的米饭煸炒片刻，加入盐调味并翻炒均匀即可。

烹饪秘籍

1 豇豆要选择嫩一些的，这样的口感会更好。

2 焯豇豆的时候，在水中加入一点盐和油，可以让豇豆的颜色保持翠绿，做出来的炒饭色泽会更加鲜亮一些。

火腿黄瓜炒饭

 15分钟 🍴 简单

主料

黄瓜80克・火腿肠70克・鸡蛋2个・米饭300克

辅料

植物油1汤匙・盐2克・蒜末10克・香葱1根

省时搭配 🕐

花蛤蒸蛋（P104）

虾皮冬瓜汤（P137）

做法

1 火腿肠切成小丁；黄瓜洗净后切成小丁；将鸡蛋磕入碗中，用筷子充分打散；香葱洗净后将葱白切成小段，将葱叶切成葱末。

2 炒锅烧热后放入少许冷油，倒入鸡蛋液，炒熟打散后盛出备用。

3 倒入剩余的油，烧至七成热后放入蒜末和葱白段，煸炒至出香味。

烹饪秘籍

黄瓜清爽的味道很容易被其他食材所掩盖，所以尽量不要再加其他味道重的食材或者加入过多的调味品。

4 放入黄瓜丁和火腿肠丁煸炒片刻。

5 放入打散的米饭，煸炒至米粒颗粒分明。

6 放入炒好的鸡蛋，加入盐和葱末，翻炒均匀即可出锅。

培根土豆炒饭

🕐 15分钟　🍴 简单

主料

培根60克·土豆100克·米饭300克

辅料

植物油1汤匙·盐2克·黑胡椒粉1克
紫洋葱50克·青甜椒50克

（省时搭配 🕐）

白菜心海蜇丝（P037）

米酒蛤蜊汤（P148）

做法

1 土豆洗净后去皮，切成小丁，在清水中清洗几遍，洗去多余的淀粉；紫洋葱洗净后切成小丁；青甜椒洗净后去掉内部的子，切成小丁。

2 炒锅中倒入少许油，小火将培根煎熟，取出放凉后切成1厘米见方的片。

3 将剩余的油倒入锅中，烧至七成热后放入紫洋葱丁、土豆丁和青甜椒丁煸炒至熟透，盛出备用。

— 烹饪秘籍 —

培根会煎出一部分油脂，所以煎培根时放少许油就可以。炒饭的时候，也可以适量减少一下油的用量，以免炒饭口感油腻。

4 放入打散的米饭，用锅中余油煸炒至米粒颗粒分明。

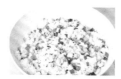

5 放入培根丁和其他食材炒匀。

6 加入盐和黑胡椒粉调味并翻炒均匀即可。

杏鲍菇肉末炒饭

 15分钟  简单

主料

杏鲍菇80克·猪五花肉80克·米饭300克

辅料

植物油1汤匙·盐2克·生抽2茶匙·蒜末10克
香葱1根·青甜椒50克·红甜椒50克

省时搭配 ⏱

榨菜肉末蒸豆腐（P101）

鸡毛菜芙蓉汤（P136）

做法

1 杏鲍菇洗净后控干水分，切成小丁；青甜椒和红甜椒洗净后去掉内部的子，切成小丁；猪五花肉洗净，控干水分后切成肉丁；香葱洗净后将葱白切成小段，将葱叶切成葱末。

2 炒锅中放油，烧至七成热后放入蒜末和葱白段，煸炒至出香味后，放入五花肉丁，煸炒至颜色发白。

3 放入杏鲍菇丁煸炒片刻，加入生抽和少量清水，小火焖煮3分钟左右至杏鲍菇熟透且汤汁收干。

4 放入青甜椒丁和红甜椒丁煸炒片刻。

5 放入打散的米饭，煸炒至米粒颗粒分明，加入盐调味并翻炒均匀。

6 最后撒上葱末即可关火。

烹饪秘籍

焖煮杏鲍菇的时候水不要放太多，否则会让炒米饭变得黏稠。如果担心水量不好控制，也可以提前用沸水将杏鲍菇焯烫至熟，然后再煸炒。

西蓝花肉丁炒饭

🕐 15分钟　🍴 简单

主料

西蓝花100克·猪五花肉80克·米饭300克

辅料

植物油1汤匙·盐2克·蒜末15克·胡萝卜50克

省时搭配 🕐

香菇蒸鱼滑（P108）

爽口莴笋丝（P063）

做法

1 西蓝花去掉粗茎，掰成尽量小的朵，清洗干净；胡萝卜洗净，去皮后切成丁；猪五花肉洗净，控干水分后切成肉丁。

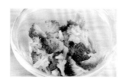

2 锅中加入清水和少许的油、盐，煮至沸腾后将西蓝花放入，焯熟后过凉开水，捞出控干水分。

3 炒锅中放油，烧至七成热后放入蒜末，煸炒至出香味。

4 放入五花肉丁，煸炒至颜色发白。

5 放入西蓝花和胡萝卜丁煸炒片刻。

6 放入打散的米饭，煸炒至米粒颗粒分明，加入盐调味，翻炒均匀即可。

烹饪秘籍

1 西蓝花要尽量掰小一些，这样比较容易炒熟。如果西蓝花的朵比较大，可以用刀切开，或者煮一锅清水，将西蓝花焯熟。要控制好焯烫西蓝花的时间，以免西蓝花过软影响口感。

2 焯西蓝花时，在水中放入少许油和盐，焯好后在凉开水中过凉，能够让西蓝花保持颜色翠绿。

青椒肉丝炒饭

 15分钟　　🔨 简单

主料

青甜椒80克·猪五花肉80克·米饭300克

辅料

植物油1汤匙·盐2克·生抽2茶匙·蒜10克

省时搭配 ⏱

菠菜炒鸡蛋（P052）

香菇豆腐汤（P147）

做法

1 青甜椒洗净后去掉内部的子，切成细丝；猪五花肉洗净，控干水分后切成肉丝；蒜去皮，掰成蒜瓣后切成蒜片。

2 炒锅中放油，烧至七成热后放入蒜片，煸炒至出香味。

3 放入五花肉丝，煸炒至颜色发白。

= 烹饪秘籍 =

如果时间充足，可以用料酒、生抽、盐提前将肉丝腌制20分钟左右，这样肉丝会更加入味，做出来的炒饭味道更好。

4 放入青甜椒丝煸炒片刻，加入生抽炒匀。

5 放入打散的米饭，煸炒至米粒颗粒分明。

6 加入盐调味，翻炒均匀后即可出锅。

芹菜肉丁炒饭

🕐 15分钟　🍴 简单

主料

芹菜100克・猪五花肉80克・米饭300克

辅料

植物油1汤匙・盐2克・胡萝卜40克

（省时搭配 🕐）

清炒鸡毛菜（P071）

虾仁萝卜丝汤（P138）

做法

1 芹菜择去筋和叶子后洗净，切成小丁；胡萝卜洗净，去皮后切成丁；猪五花肉洗净，控干水分后切成肉丁。

2 锅中加入清水，煮至沸腾后放入芹菜丁，焯熟后过凉开水，捞出控干水分。

3 炒锅中放油，烧至七成热后放入五花肉丁，煸炒至颜色发白。

烹饪秘籍

这道炒饭中不要加生抽、蚝油等调味品，否则会破坏炒饭的颜色和清爽的味道。

4 放入胡萝卜丁煸炒片刻。

5 放入打散的米饭和芹菜丁，煸炒至米粒颗粒分明。

6 加入盐调味，翻炒均匀后即可出锅。

鸡毛菜炒面

🕐 15分钟　🍴 简单

主料

面条300克·鸡毛菜200克

辅料

葱末5克·老抽2茶匙·鸡精1/2茶匙
植物油3汤匙

省时搭配 ⏱

酱油虾（P094）
紫菜蛋花汤（P123）

─── 烹饪秘籍 ───

用酱油将煮好放凉的面条拌匀后，再进行炒
制，能使面条入味更加均匀。而且这样做也
能使鸡毛菜长久保持鲜亮的颜色和清爽的口
感，使整盘菜在视觉和味觉上达到更加和谐
的效果。

做法

1　鸡毛菜择去老叶后用
清水反复冲洗干净，注
意根部要仔细冲洗，以
免有沙子。

2　锅中放入清水，用大
火煮沸，将面条放入沸
水中煮熟，捞出。

3　将煮熟的面条反复浸
入冷水中充分过凉。

4　将凉透的面条捞出
沥水，最后将水分尽量
沥干，这样炒出的面才
好吃。

5　在面条中调入老抽、
植物油，用筷子不断
翻拌，使面条均匀裹上
酱色。

6　锅中放油烧至七成
热，下入葱末爆香，下
入鸡毛菜快速翻炒。

7　待鸡毛菜刚刚炒软，
下入面条快速炒匀。炒
制时间太久会使鸡毛菜
出汁。

8　最后调入鸡精炒匀即
可出锅。

双椒肉丝炒面

🕐 15分钟　　🍴 简单

主料

猪五花肉100克・青尖椒30克・红尖椒30克
鲜面条150克

辅料

植物油1汤匙・盐2克・生抽2茶匙・蒜末10克

省时搭配 ⏱

虾酱空心菜（P059）
雪菜豆腐汤（P146）

做法

1 猪五花肉洗净后控干水分，切成肉丝；青尖椒和红尖椒洗净后去掉子，切成丝。

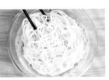

2 煮开一锅清水，水开后放入面条煮熟，捞出后将面条放入凉开水中，用筷子挑开，防止面条粘连到一起。

3 炒锅中放油，烧至七成热后放入蒜末，煸炒出香味。

烹饪秘籍

如果担心尖椒比较辣，可以适当去除尖椒中的部分筋膜，或者减少尖椒的用量。

4 放入五花肉丝，煸炒至变色熟透。

5 放入青尖椒丝和红尖椒丝，大火快速翻炒至熟透。

6 放入面条，加入盐和生抽调味，炒匀即可出锅。

橄榄菜肉丁炒面

🕐 15分钟　🥄 简单

主料

猪五花肉70克·鲜面条150克

辅料

植物油2茶匙·盐1克·橄榄菜1汤匙·蒜末10克
香葱1根·胡萝卜50克

省时搭配 🕐

可口凉拌豆芽（P022）
番茄煮西葫芦（P112）

做法

1 胡萝卜洗净、去皮，用擦丝器擦成丝；猪五花肉洗净后切成肉丁；香葱洗净后切成葱末。

2 煮开一锅清水，水开后放入面条煮熟，捞出后将面条放入凉开水中，用筷子挑开，防止面条粘连到一起。

3 炒锅中放油，烧至七成热后放入葱末和蒜末，煸炒至出香味。

4 放入五花肉丁煸炒至熟透。

5 放入橄榄菜和胡萝卜丝，大火快速翻炒至胡萝卜丝熟透。

6 放入面条，加入盐调味，炒匀即可出锅。

烹饪秘籍

橄榄菜中含有一定的油和盐，因此炒面时可以适当减少一些油和盐的用量，以减少盐分和热量的摄入。

油菜素炒面

🕐 15分钟　🍳 简单

主料

油菜150克・鲜面条150克

辅料

植物油1汤匙・盐2克・生抽2茶匙・蒜末10克

🕐 省时搭配

手撕鸡（P029）

田园蔬菜汤（P140）

做法

1 油菜去掉根部后，将叶子掰开，反复清洗干净。

2 锅中加入清水和少许油、盐，煮至沸腾后放入油菜，焯熟捞出，过凉开水，控干水分。

3 另外煮开一锅清水，水开后放入面条煮熟，捞出后放入凉开水中，用筷子挑开，防止面条粘连到一起。

4 炒锅中倒入油，烧至七成热后放入蒜末，煸炒出香味。

5 放入油菜煸炒片刻。

6 放入面条，加入盐和生抽调味，炒匀即可出锅。

— 烹饪秘籍 —

焯油菜的时候，在水中加入一点盐和油，焯好后过凉开水，能够保持其色泽翠绿、口感脆嫩。

豉椒炒面

 15分钟　🍴 简单

主料

青甜椒60克·红甜椒60克·鲜面条150克

辅料

植物油1汤匙·豆豉酱25克·绵白糖2克
干辣椒4个·香葱1根

省时搭配 ⏱

蔬菜虾汤（P134）
凉拌菜花（P026）

做法

1 青甜椒和红甜椒洗
净，去掉子，切成丝；
香葱洗净后切成葱末；
干辣椒切成两段。

2 煮开一锅清水，水开
后放入面条煮熟，捞出
后放入凉开水中，用筷
子挑开，防止面条粘连
到一起。

3 炒锅中放油，烧至七
成热后放入葱末和干辣
椒，煸炒至出香味。

烹饪秘籍

豆豉酱本身的味道
比较咸，用量可以
根据自己的喜好进
行增减。

4 加入豆豉酱、绵白糖
和少量清水煸炒片刻。

5 放入青甜椒和红甜
椒丝，大火快速翻炒至
熟透。

6 放入面条，炒匀即可
出锅。

炒方便面

🕐 15分钟　🍴 简单

主料

方便面1包

辅料

鸡蛋1个・火腿肠100克・香菇50克

胡萝卜50克・油菜100克・植物油3汤匙

省时搭配 ⏱

酸辣金针菇（P019）

丝瓜鸡蛋汤（P122）

━━━━ 烹饪秘籍 ━━━━

将煮好的方便面浸入冷水，能避免面条在炒制时过于黏腻，但在煮面时也不要将面条煮得过于软烂，否则再经过炒制，面条会断裂，影响口感。

做法

1　将方便面面饼放入沸水中，煮至面饼散开，然后将面条捞出，过冷水。

2　香菇洗净、去蒂、切丝；胡萝卜洗净、去皮、切丝；油菜洗净、切段；火腿肠切条。

3　锅中放入油烧至六成热，将鸡蛋磕入，煎成荷包蛋，盛出。

4　锅中再放入油烧至六成热，下入胡萝卜丝、香菇丝煸炒3分钟。

5　下入油菜不断翻炒至油菜变软。

6　下入沥净水的方便面，加入方便面自带的油包炒匀。

7　然后下入火腿肠条稍加翻炒。

8　将炒好的面条盛入盘中，将荷包蛋摆放在面上即可。

豪华泡面

🕐 15分钟　🔨 简单

主料

泡面1袋・番茄1个・水煮蛋1个

辅料

生菜少许・牛肉丸2个・奶酪1片

（省时搭配 🕐）

清炒鸡毛菜（P071）

荠菜干丝（P070）

做法

1 番茄洗净，切成适宜入口的滚刀块。

2 汤锅加入适量水，下入番茄煮软。

3 将泡面的调料包放入汤锅中，搅拌均匀后，下入牛肉丸。

烹饪秘籍

煮泡面时在锅底加入一个番茄，酸酸甜甜的，像在火锅店吃番茄火锅，连汤都想全部喝光，一滴都不剩。

4 牛肉丸浮起来后，下入面饼煮散。

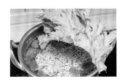

5 生菜洗净，沥干水分，下入锅中快速烫至变色后关火。

6 将泡面倒入碗中，放上1片奶酪片和1个对半切开的水煮蛋就可以享用了。

酸辣榨菜肉丝米线

⏰ 15分钟　🍴 简单

主料

榨菜40克・猪里脊70克・油菜1棵・鸡蛋1个
鲜米线300克

辅料

植物油1汤匙・盐1茶匙・干辣椒2个・米醋1汤匙
蒜10克・香葱1根

省时搭配 ⏱

蘑菇蒸菜心（P098）

做法

1 所有食材洗净，猪里脊、干辣椒切丝，油菜取叶，鸡蛋打散，葱白切段，葱叶和蒜切末。

2 不粘锅小火烧热后倒入油，倒入蛋液，摊成薄薄的鸡蛋皮。

3 将煎好的鸡蛋皮放凉，切成约5毫米粗的丝。

4 炒锅中放油，烧至七成热后放入干辣椒丝、蒜末和葱白段，煸炒出香味。

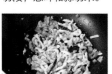

5 放入肉丝和榨菜煸炒片刻。

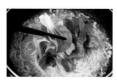

6 加入适量清水，煮至沸腾后将米线和油菜放入煮熟。

7 加入盐和米醋调味，将米线连同汤汁倒入大碗中。

8 撒上鸡蛋丝和葱花即可。

烹饪秘籍

1 榨菜有多种口味，可以根据自己的喜好选择，如果买来的是榨菜丝，需要提前切成丁；榨菜具有一定的盐分，所以要根据自己的口味调整榨菜的用量。

2 市售米线的种类比较多，有干米线和鲜米线，粗细也各不相同，可以根据自己的喜好选择。

清爽双丝炒米线

🕐 15分钟　　🔨 简单

主料
胡萝卜60克・黄瓜60克・米线300克

辅料
植物油1汤匙・盐2克・蒜15克・香葱1根

（省时搭配 🕐）
蘑菇肉片汤（P118）
可口凉拌豆芽（P022）

做法

1 胡萝卜洗净、去皮，用擦丝器擦成丝；黄瓜洗净，用擦丝器擦成丝。

2 蒜去皮，掰成蒜瓣后切成蒜末；香葱洗净后将葱白切成小段，将葱叶切成葱末。

3 炒锅中放油，烧至七成热后放入蒜末和葱白段，煸炒至出香味。

4 放入胡萝卜丝和黄瓜丝煸炒片刻。

5 放入米线煸炒片刻，加入盐调味并翻炒均匀。

6 最后放入葱末，炒匀即可出锅。

— 烹饪秘籍 —

购买真空米线直接炒制，能够大大减少烹饪时间。如果购买的是干米线，则需要煮熟后再炒。需要注意的是，煮米线的时间不宜过久，以免米线煮软烂，炒的时候容易碎掉。

秋葵鸡蛋炒米线

⏰ 15分钟　🍳 简单

主料

秋葵80克·鸡蛋2个·米线300克

辅料

植物油1汤匙·盐2克·蒜15克·香葱1根

省时搭配 ⏱

虾仁萝卜丝汤（P138）

凉拌菠菜（P027）

做法

1 秋葵洗净后控干水分，切成约5毫米厚的片；蒜去皮，掰成蒜瓣后切成末；将鸡蛋磕入碗中，用筷子充分打散；香葱洗净后将葱白切成小段，将葱叶切成末。

2 炒锅烧热后放入少许冷油，倒入鸡蛋液，炒熟打散后盛出备用。

3 倒入剩余的油，烧至七成热后放入蒜末和葱白段，煸炒至出香味。

4 放入秋葵片，翻炒约2分钟，可以加入少量清水防止粘锅。

5 放入鸡蛋和米线翻炒片刻，加入盐调味并翻炒均匀。

6 最后加入葱末，翻炒均匀即可出锅。

烹饪秘籍

1 要买嫩一些的秋葵，否则口感不好。秋葵也可以提前在沸水中焯烫一下，在水中加入一点油和盐，能够保持其颜色翠绿。

2 秋葵中含有的黏液比较多，炒秋葵时要加一点水，防止粘锅。

咸蛋南瓜炒河粉

🕐 15分钟　🍴 简单

主料

咸鸭蛋3个 · 南瓜100克 · 河粉300克

辅料

植物油1汤匙 · 生抽2茶匙 · 香葱1根

（省时搭配 🕐）

胡椒牛肉芹菜汤（P131）

做法

1 咸鸭蛋剥开后取蛋黄；南瓜洗净后去皮、去瓤，切成小丁；香葱洗净后切成葱末。

2 将咸蛋黄放入小碗中，用勺子充分压碎。

3 炒锅中放油，烧至七成热后放入葱末，煸炒至出香味。

4 放入南瓜丁煸炒片刻至熟透。

5 放入咸鸭蛋煸炒片刻，加入生抽和少量清水。

6 放入河粉，翻炒均匀即可出锅。

━━ 烹饪秘籍 ━━

1 如果买来的是干河粉，需要提前用清水煮熟，捞出后再进行翻炒。

2 炒河粉时可以稍微加一点清水，防止河粉炒好后的口感偏干。

韭菜鸡蛋炒河粉

⏰ 15分钟　🍳 简单

主料

韭菜60克·鸡蛋2个·河粉300克

辅料

植物油1汤匙·盐2克·生抽2茶匙·蒜末15克
干辣椒2个·绿豆芽70克·红甜椒30克

省时搭配 ⏱

雪菜豆腐汤（P146）
白灼菜心（P057）

做法

1 韭菜洗净后切成段；绿豆芽洗净，控干水分；将鸡蛋磕入碗中，用筷子充分打散；干辣椒切成小段；红甜椒洗净后去子，切成细丝。

2 炒锅烧热后放入少许冷油，倒入鸡蛋液，炒熟打散后盛出备用。

3 倒入剩余的油，烧至七成热后放入蒜末和干辣椒，煸炒出香味。

烹饪秘籍

韭菜易熟，所以不需要煸炒，利用锅内食材的余温就可以让韭菜变熟。如果煸炒，韭菜会变得很软，影响口感。

4 放入绿豆芽和红甜椒丝煸炒至熟透。

5 放入炒好的鸡蛋和河粉，加入盐和生抽调味并翻炒均匀。

6 关火后放入韭菜段，翻炒均匀即可盛出。

什锦炒窝头

🕐 15分钟　🍴 简单

主料

窝头300克

辅料

圆白菜100克·胡萝卜100克·火腿肠30克
鸡蛋1个·葱末5克·酱油1茶匙·鸡精1/2茶匙
盐1/2茶匙·植物油4汤匙

省时搭配 🕐

蛤蜊冬瓜汤（P132）

烹饪秘籍

火腿肠可换成广式香肠，用热油将广式香肠的油脂炒出，再下入窝头，让窝头充分吸收香肠的香气，这样炒出的窝头别有一番风味。

做法

1 窝头切适口小块；圆白菜洗净、切小块；胡萝卜洗净、去皮、切丁；火腿肠切丁。

2 鸡蛋打散备用。在打散之前可以先晃动鸡蛋，磕开之后，残留在壳上的才会更少。

3 锅中放油烧至六成热，下入窝头块炸至表面焦黄，捞出沥油。

4 锅中再放入适量油烧至七成热，下入鸡蛋液滑散，炒成鸡蛋碎盛出。

5 锅中留底油，烧至六成热，爆香葱末，随后下入胡萝卜丁煸炒2分钟。

6 下入圆白菜炒软，下入火腿丁，调入酱油炒匀。

7 下入鸡蛋碎、窝头块炒匀。

8 最后调入盐、鸡精炒匀即可。

汤泡饭

🕐 10分钟（不含浸泡时间） 🔨 简单

主料

剩饭两三碗·猪瘦肉100克·青菜1把
香菇两三朵

辅料

盐少许·橄榄油少许

(省时搭配 🕐)

秋葵煎鸡蛋（P103）
清炒鸡毛菜（P071）

做法

1 猪瘦肉切丝，香菇提前泡好后切丝。

2 把锅烧热，放少许橄榄油，下瘦肉炒至变色。

3 继续放入香菇、青菜炒熟。加入清水大火煮沸。

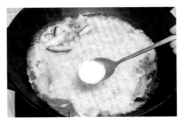

4 放入剩饭，再次煮沸后关火，加盐调味即可。

烹饪秘籍

放入米饭后，不要煮太久，泡饭和粥的差别就在一念之间。只要稍微一加热，就立即关火出锅吧！

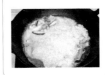

图书在版编目（CIP）数据

好食光. 15分钟上菜 / 萨巴蒂娜主编. — 北京：中国轻工业出版社，2024.1

ISBN 978-7-5184-4574-5

Ⅰ. ①好… Ⅱ. ①萨… Ⅲ. ①菜谱 Ⅳ. ① TS972.12

中国国家版本馆 CIP 数据核字（2023）第 190128 号

责任编辑：王晓琛　　　　　责任终审：高惠京　　整体设计：锋尚设计
策划编辑：张　弘　王晓琛　责任校对：朱燕春　　责任监印：张京华

出版发行：中国轻工业出版社（北京东长安街6号，邮编：100740）

印　　刷：北京博海升彩色印刷有限公司

经　　销：各地新华书店

版　　次：2024年1月第1版第1次印刷

开　　本：710×1000　1/16　印张：12

字　　数：200千字

书　　号：ISBN 978-7-5184-4574-5　定价：49.80元

邮购电话：010-65241695

发行电话：010-85119835　传真：85113293

网　　址：http://www.chlip.com.cn

Email：club@chlip.com.cn

如发现图书残缺请与我社邮购联系调换

230490S1X101ZBW